職人級
法式水果甜點經典食譜

四季果物 25 選 × 創意甜點 60^+

Les fruits, une Idée et Montage du Dessert

前言

如何和水果面對面

水果，是製作蛋糕或甜點不可或缺的重要食材，但糕點師傅也不一定能隨心所欲地掌握每一種水果。我經常被店內的工作人員問到：「當季的新鮮水果能作些什麼點心呢？」對剛入行的新手而言，使用水果是一門大學問。該如何將水果的風味運用得恰到好處，的確是值得烘焙人深究的課題。

日本是四季分明的國度，正因為受到大自然恩惠，每個季節都能品嚐到時令水果熟成的好味道。尤其近年來，因應市場需求，果農投入研究品種改良技術，再加上溫室栽培的不斷進步、四通八達的物流系統，不僅日本國產水果，其他進口水果也非常容易購得。

製作水果風味甜點（Fruit Dessert）時，最重要的是讓水果本身的香甜發揮最大的效果。要徹底掌握各式各樣水果的特色，不是一件容易的事，卻是身為甜點師傅都應該追求的挑戰及趣味。

本書除了教授如何挑選＆保存水果及各種注意事項之外，同時也介紹如何製作出發揮水果最佳特色的甜點作法。
市面上的水果大多強調甜度，尤其經過品種改良後，酸味似乎愈來愈不受重視；從甜點製作的角度而言，水果的酸味掌握了絕大部分美味的關鍵。因此，設計一道甜點時，我們常常在主味覺的水果中，混入了其他水果以藉以調整風味；或是使用平常會除去的果皮，藉由果皮中特有的酸味或澀味融合甜味。

經過約莫一年的成書期間，透過和不同時節的當季水果的交流，所發想出來的各式食譜，若能成為您製作水果點心的靈感來源，我將無比榮幸。

田中真理

目錄 sommaire

chapitre 3
秋天的水果
automne

chapitre 4
冬天的水果
hiver

◆本書的製作重點

【水果】

◆ 依據不同產地、收成時期、氣候、個別差異等因素，水果皆會出現味道上的落差。製作前請先嚐過水果的味道，再配合目標加入甜味、酸味、利口酒，進行調整。

◆ 標示為 g（公克）的分量，即為製作時所必需的「主味」的用量。如果是需要去皮或去籽的食材，請特別注意。

◆ Quartiers 指的是去除內皮後的果肉。

【奶油】

◆ 在沒有特別指定的狀況下，使用的是無鹽奶油。

【粉類】

◆ 使用前請先過篩。

【香草莢】

◆ 材料標示為「〇根份」指的是僅使用香草籽，標示為「〇根」指的是使用香草籽及香草莢。二次莢（已經使用過一次後的乾燥香草莢）是作為增添香味使用。

【堅果】

◆ 沒有表示烘烤，就直接使用生的果實。

【吉利丁片】

◆ 請泡入冰水，待完全變透明且軟化後，瀝除水分使用。

◆ 也可使用同等分量的吉利丁粉，以 5 倍的水量浸泡後使用。

◆ 泡軟後的吉利丁，最適合的溶解水溫為 50℃至 60℃。如果在水沸騰後加入，會削弱冷卻後的凝固作用。

【微波爐】

◆ 微波爐的加熱時間是以 1000W 功率為基準。若烤箱為 500W 請調整為 2 倍時間；600W 則為 1.6 倍時間，以此推算。但由於機種不同也會有差別，所以請視材料的狀態作增減。

清美蜜柑

日向夏

文旦

黑櫻桃

櫻桃

番茄

chapitre 1

〔春天的水果〕

printemps

在初春常見的多種柑橘類中，選用最受歡迎的清美蜜柑，以及酸味迷人的日向夏和文旦。
而由於櫻桃和黑櫻桃的產季重疊，特意選擇來作味覺上的比較。
番茄不只好吃，它有益健康的功用也是魅力之一。

春天的水果 1

清美蜜柑

orange Kiyomi

清美密柑橘是溫州蜜柑和柑橘的混合品種。作為甜點的材料使用時，除了它甘甜多汁的果肉之外，外皮可作成果醬，削下表面還能作為增添風味使用，利用價值百分百。選擇時，要挑表面飽滿、重量感足夠的，這代表汁多味美。在常溫下可保持一星期左右，如果以用保鮮膜包覆後放入保鮮袋以冷藏，可保存更久時間。

〔產期〕

1月 2月 3月 4月 5月 6月 7月 8月 9月 10月 11月 12月

Trilogie d'oranges Kiyomi et sakura

清美蜜柑搭配櫻花の三種組合

這是一道水果與櫻花結合、充滿春意的甜點。單純以清美蜜柑和櫻花而言，兩者之間的味道並不契合，因此特別調製了媒介兩種食材的奶油，使味道得以融合得恰到好處。將櫻餅作成可麗餅的形狀，再配上甜納豆口味的冰沙，在增添和風的同時，達到味道上的平衡，再綴以櫻花果醬，完美詮釋出和諧感。

Meringue
蛋白霜餅

材料 直徑2.5×長13.5cm的號角麵包用的圓筒15個

蛋白 blanc d'œufs……100g
細砂糖 sucre……100g
糖粉 sucre glace……100g
油 huile……適量
櫻花花瓣（去除鹽漬後） pétale de sakura……適量

作法

1
在大調理盆裡倒入蛋白，以電動攪拌器輕柔地打發，將細砂糖分3次加入，同時混合均勻。待蛋白打至全發後，再加入過篩後的糖粉，取抹刀以切拌的手法拌勻。

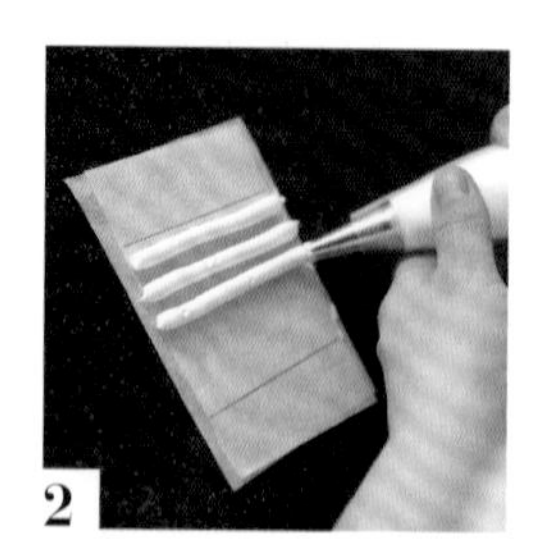

2
準備長11cm×寬8cm的烘焙紙15張，在背面的上下2.5cm處，以油性筆畫上2條橫線。翻回正面，在2條線之間以直徑5mm的花嘴，擠出平行的步驟**1**，共製作6條。

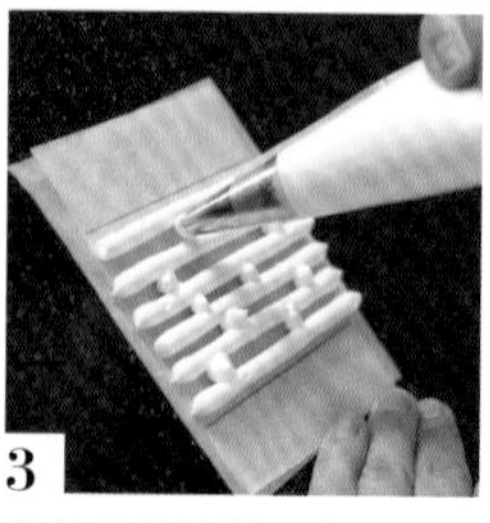

3
在每條橫線間，隨興擠出小圓點，作為連接點。

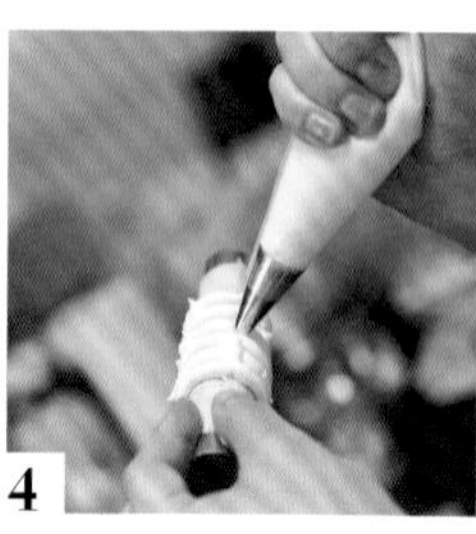

4
在直徑2.5×長13.5cm的號角麵包以圓筒表面噴上油脂（oil spray），再將步驟**3**的烘焙紙面直接捲上。接合處擠上剩下的蛋白糖霜以黏合，選擇適合的位置貼上3至4片櫻花花瓣。

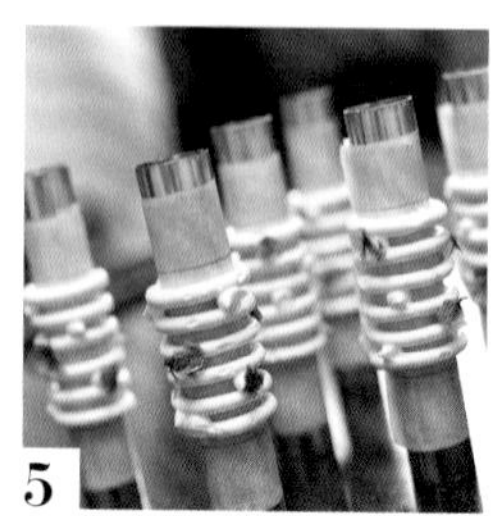

5
放入烤箱，以90℃乾燥烘烤2小時。取出後，直接在烤盤上置涼。

Pannacotta au coco

椰子義式奶凍

材料 容易操作的份量

A｜椰奶 lait de coco……215g
 ｜鮮奶油（38%） crème liquide 38% MG……270g
 ｜紅糖 cassonade……30g

吉利丁片 gélatine en feuille……5g

馬里布蘭姆酒 Malibu *1……15g

作法

1
以冰水泡軟吉利丁片。在鍋裡放入**A**料後溫熱，加入瀝除水分後的吉利丁，均勻溶化。

2
倒入鋼盆裡，盆底接觸冰水，攪拌的同時加速冷卻。加入馬里布，持續攪拌直至即將凝固前一刻*2。放入冰箱冷藏。

*1｜由椰子及淡蘭姆酒所製造的利口酒。

*2｜由於鮮奶油及椰奶的油脂成分較高，容易油水分離，因此必須持續攪拌冷卻直至即將凝固。

Crêpe de sakura

櫻花可麗餅

材料 16至18片

糯米粉 farine de shiratama……25g

水 eau……150g

A｜在來米粉 farine de riz……50g
 ｜低筋麵粉 farine faible……50g

細砂糖 sucre……35g

櫻花葉粉 poudre de feuille de sakura……2g

作法

1
在調理盆裡放入糯米粉及水，以打蛋器拌勻。加入過篩後的**A**料、細砂糖、櫻花葉粉，混合均勻。

2
小火加熱平底鍋，把步驟**1**攤成直徑9cm的圓形薄片後，兩面煎熟。

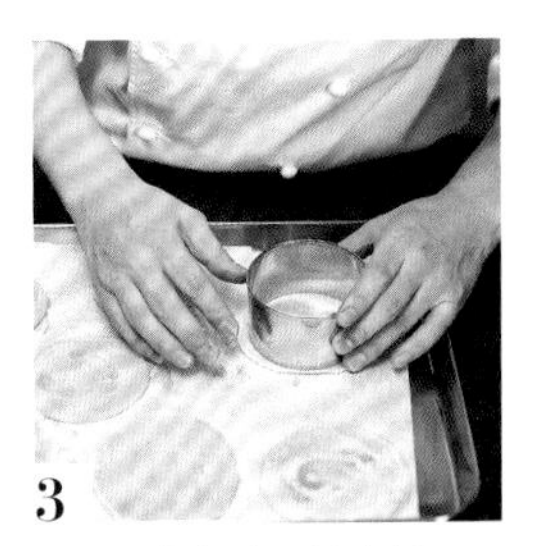

3
煎好後的餅皮，以直徑8cm的慕絲圈切出，再對半切開。以烘焙紙夾住，防止乾燥*。

*｜如果將煎好的餅皮放入冷箱冷藏，口感會變得沙沙的，請使用新鮮剛作好的餅皮。

Crème chantilly

發泡鮮奶油

材料　16至18人份

鮮奶油（38%）crème liquide 38% MG……100g

細砂糖 sucre……9g

清美蜜柑的現磨表皮 zeste d'orange Kiyomi râpé……1/4個

作法

1
調理盆裡放入鮮奶油及細砂糖，以電動攪拌器打至質地變硬。

2
加入清美蜜柑的表皮。

Orange Kiyomi marinée

糖漬清美蜜柑

材料　容易操作的份量

細砂糖 sucre……50g

水 eau……100g

君度橙油 Cointreau……20g

清美蜜柑的果肉 quartiers de Kiyomi……1個份

作法

1
鍋裡放入細砂糖和水，以火加熱。沸騰後熄火，加入君度橙酒。

2
倒入調理盆裡，趁熱加入清美蜜柑的果肉，以保鮮膜服貼覆蓋30分鐘以上。

Sorbet aux haricots blancs et orange Kiyomi confite

白甘納豆＆清美蜜柑冰沙

材料　6人分

牛奶 lait……155g

鮮奶油（38%） crème liquide 38% MG……30g

白甘納豆 baricots blancs confic……100g

清美蜜柑果醬〈參考P.15〉 marmalade de Kiyomi……適量

作法

1
鍋裡放入牛奶、鮮奶油後溫熱，加入白甘納豆後以手持式食物處理機（hand blender）攪拌均勻。

2
過濾後倒入鋼盆內，盆底接觸冰水冷卻，倒入冰淇淋機內製作成冰沙。

3
和清美蜜柑果醬混合，作成大理石花紋的冰沙。

Marmelade de Kiyomi
清美蜜柑果醬

材料 容易操作的份量

清美蜜柑的表皮 zeste d'orange Kiyomi……35g

A
- 清美蜜柑果肉 quartier de Kiyomi……125g
- 清美蜜柑果汁 jus de Kiyomi……30g
- 萊姆汁 jus de citron……18g
- 細砂糖 sucre……18g

B
- 細砂糖 sucre……10g
- NH果膠粉 pectine NH……2g

作法

1
清美蜜柑的表皮以熱水稍微燙過後，切成細絲。**B**料混合後備用。

2
在鍋裡放入步驟**1**的清美蜜柑皮及**A**料，以小火煮至濃縮，待水分蒸發完成後，再倒入**B**料攪拌均勻，再稍微煮一下。

3
倒入大調理盆裡，置涼。

Confiture de sakura
櫻花果醬

材料 容易操作的份量

櫻花花瓣 pétale de sakura……85g

A
- 水 eau……100g
- 細砂糖 sucre……125g
- 萊姆汁 jus de citron……25g

B
- 細砂糖 sucre……10g
- 果膠粉 pectine……1.5g

櫻花利口酒 liqueur de sakura……18g

作法

1
櫻花花瓣去除鹽漬。**B**料混合後備用。

2
鍋裡放入**A**料後加熱至沸騰，再加入**B**料攪拌均勻，再稍煮一下。

3
熄火後，取出少量置於鋼盆裡，盆底接觸冰水，同時確認果膠凝固的程度*。溫涼後加入櫻花利口酒、步驟**1**的櫻花花瓣，等待至完全冷卻。

* 如果成功變成膠狀即表示完成。如果無法凝結，請再度加熱。

〖組合・裝盤〗

材料 裝飾用

金箔 feuille d'or……適量

1 擠花袋裝上花嘴後放入發泡鮮奶油，在對半切開的櫻花可麗餅上擠出圓球形後，再捲成號角形。

2 在準備好的盤子上，放上兩塊已瀝除多餘水分的糖漬清美蜜柑，在上方依序擺放步驟**1**、剩餘的清美蜜柑果醬。一旁放上一塊櫻花可麗餅切下來的餘邊，作為固定冰沙之用。

3 再放上蛋白霜餅，中央擠入義式奶凍，上面加上糖漬清美蜜柑。

4 以金箔裝飾步驟**2**。挖一球冰沙置於止滑用的可麗餅上。

5 選一透明璃小杯裝入櫻花果醬，作為搭配。

Coupe de Kiyomi et sakura, son soufflé

清美蜜柑搭配櫻花
雞尾酒・舒芙蕾・冰淇淋

華麗的雞尾酒杯式甜點搭配舒芙蕾。
西米露、冰淇淋、裝飾用的煉乳……
這些乳製品和清美蜜柑及櫻花都十分搭配。
顆粒分明的雞尾酒搭配鬆軟爽口的舒芙蕾，
再加上令人唇齒留香的清美蜜柑冰淇淋，
是一道可品嚐到數種好滋味的美味甜點。

Soufflé aux feuilles de sakura

櫻花葉舒芙蕾

材料　直徑5.5×高5cm的慕絲圈6個份

蛋黃 jaunes d'œufs……28g

細砂糖 sucre……8g

低筋麵粉 farine faible……8g

牛奶 lait……75g

A
- 奶油beurre……12g
- 奶油起司 cream cheese……40g
- 櫻花葉（去除鹽漬及葉梗） feuille de sakura……3g
- 櫻花葉粉 poudre de feuille de sakura……0.5g

B
- 蛋白 blancs d'œufs……50g
- 細砂糖 sucre……18g

模型用奶油 beurre……適量

作法

1

製作卡士達醬。大調理盆裡放入蛋黃及細砂糖，仔細攪拌直至顏色變淡後，加入過篩的麵粉。

2

牛奶加熱至即將沸騰後，倒入步驟**1**內混勻。倒入鍋中，以中小火加熱，同時以抹刀攪拌，待整體開始凝固後熄火，以餘熱繼續攪拌直至質地變黏稠。

3

趁熱加入**A**料，以手持式食物處理機將櫻花葉完全打碎、攪拌均勻。

4

另取一大調理盆，倒入**B**料後以電動攪拌器輕輕打發蛋白至七分（撈起時略呈現尖角即可），完成蛋白糖霜。分成3至4次加入步驟**3**內，動作迅速，以不破壞過多泡沫的方式拌勻。

5

在慕絲圈內側刷上奶油，底部鋪上烘焙紙後置於烤盤上。將步驟**4**裝入擠花袋中，擠入慕絲圈內至六分滿。以預熱至140℃的烤箱烤15至20分鐘。

6

以刀尖刺入中央，若沒有沾附任何材料即可出爐，超出慕絲圈的麵團可往下輕輕壓回。置涼的同時，趁尚有餘熱取下慕絲圈。

Gelée aux pétales de sakura

櫻花凝凍

材料　直徑10cm的馬丁尼杯4個份

水 eau……125g

細砂糖 sucre……10g

吉利丁片 gélatine en feuille……4g

A｜櫻花利口酒 liqueur de sakura……10g

｜櫻花花瓣（去除鹽漬） pétale de sakura……3g

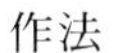

作法

1

吉利丁片以冰水泡軟。鍋裡放入水及細砂糖後溫熱，熄火後加入瀝除水分的吉利丁，使吉利丁完全溶解。

2

倒入鋼盆裡，盆底接觸冰水進行冷卻。在凝固前加入**A**料。

3

倒入馬丁尼杯，以冰箱冷藏使其凝固。

Crème glacée à l'orange Kiyomi

清美蜜柑冰淇淋

材料　12人份

蛋黃 jaunes d'œufs……65g

細砂糖 sucre……18g

牛奶 lait……50g

A｜清美蜜柑果汁 jus d'orange Kiyomi……55g

｜清美蜜柑表皮 zeste d'orange Kiyomi……1/3個份

｜清美蜜柑果肉 quartier d'orange Kiyomi……70g

煉乳 lait concentré……10g

作法

1

大調理盆裡倒入蛋黃及細砂糖後攪拌均勻，再加入牛奶。

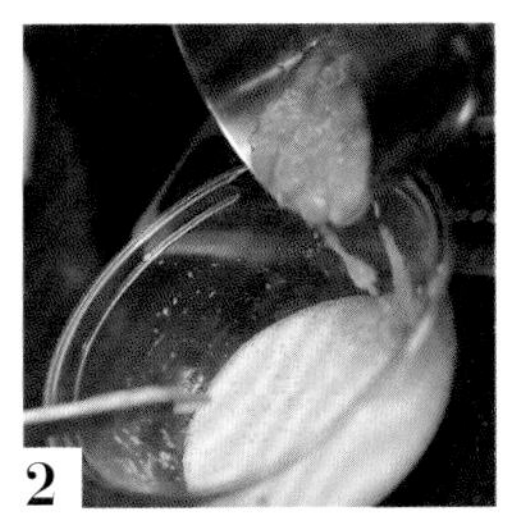

2

鍋裡放入**A**料後溫熱，待邊緣開始冒出氣泡後，即可倒入步驟**1**，攪拌均勻。再倒回鍋中，以中小火，一邊攪拌，一邊加熱至溫度至83℃。

3

倒入鋼盆內，盆底接觸冰水，冷卻後倒入煉乳。以手持式食物處理機攪拌至質地均勻滑順，再倒入冰淇淋機中。

Lait de tapioca

西米露

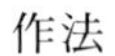

材料　4至5人份

西谷米 tapioca……15g
牛奶 lait……100g
鮮奶油（38%） crème liquide 38% MG……50g
細砂糖 sucre……12g
香草莢 gousse de vanille……1/4根份
清美蜜柑的現磨表皮 zeste d'orange Kiyomi râpé……1/4個份

作法

1
西谷米以大量熱水煮40分鐘。

2
在鍋內放入西谷米以外的其他材料，煮至沸騰。再倒入瀝去多餘水分的西谷米，繼續加熱至西谷米變軟。

3
移至鋼盆內，盆底接觸冰水幫助冷卻。

〖組合・裝盤〗

材料　裝飾用

煉乳 lait concentré……適量
清美蜜柑果肉 quartier d'orange Kiyomi……適量
櫻花花瓣（去除鹽漬） pétales de sakura……適量
糖粉 sucre glace……適量

1　在裝盤用的盤子上，以煉乳塗出一個直徑5cm的圓形。

2　在裝有櫻花花瓣凝凍的馬丁尼杯裡，倒入40至50g的西米露。中央擺放上清美蜜柑果肉約4至5片。頂端以櫻花花瓣作裝飾。

3　在步驟1的煉乳上方放置舒芙蕾，再蓋上一球橢圓形的冰淇淋，最後撒上糖粉。將步驟2置於同一個盤子內。

春天的水果 2

日向夏

Hyuganatsu

雖然冬天也買得到溫室栽培的日向夏，但真正露地栽種的產季是從春天一直到初夏。可分為籽多、籽少、無籽等三個種類。風味溫和，甜味及酸味皆適中，口感相當清爽。除了果肉及表皮之外，帶有些微甜香的果內皮也可食用，亦可納作甜點食材。挑選時，請注意外皮是否具有彈性且略帶光澤，沒有發霉、變色的區塊，且手感扎實沉重。裝入保鮮袋，並放入冰箱冷藏保存，可防止乾燥變質。

〔產期〕

1月 2月 3月 4月 5月 6月 7月 8月 9月 10月 11月 12月

Coupe et fondant au Hyuganatsu

雞尾酒&糖漬日向夏

使用了手指餅乾及馬司卡彭起司，在玻璃杯內演繹出提拉米蘇的誘人風采。
日向夏則是這道甜點的靈魂人物。以鮮奶油或冰淇淋當作配角，襯托出主角的風味吧！
使用了入味的白色果皮，不經任何加工，直接加在新鮮果肉上裝盤呈現，
完整品嚐最真實原味的日向夏風味。

Biscuit cuillère

手指餅乾

材料 17至18人份

蛋白 blancs d'œufs……50g

細砂糖 sucre……30g

蛋黃 jaunes d'œufs……28g

A | 低筋麵粉 farine faible……20g
　　 | 玉米粉 fécule de maïs……15g

糖粉 sucre galce……適量

作法

1

在蛋白裡加入1/2份量的細砂糖，以電動攪拌器打發起泡後，再加入剩下的細砂糖，繼續攪拌至完全打發。

2

在步驟**1**裡加入打散的蛋黃後混勻，再加入過篩後的**A**料，以切拌的方式拌勻。

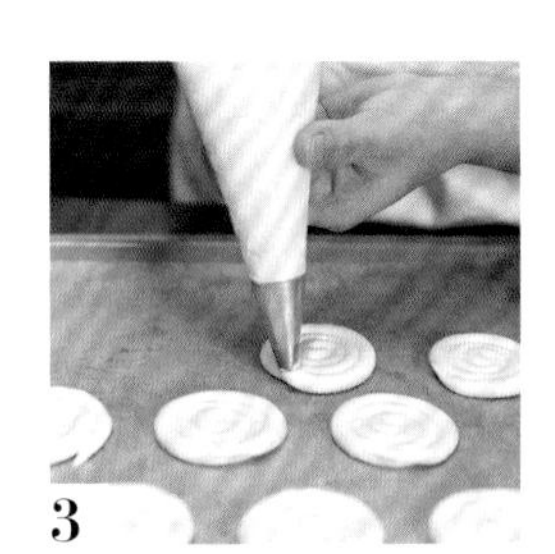

3

把步驟**2**裝在附有8mm圓形花嘴的擠花袋內，烤盤鋪上烘焙紙，在烘焙紙上由內而外擠出直徑5cm至6cm的螺旋狀圓形，約17至18個。

4

把剩下的材料擠成長11cm的棒狀。

5

步驟**3**及**4**撒上糖粉後，步驟**4**再多撒一次。放入預熱至170℃的烤箱，烘烤15至20分鐘，取出烤盤後放涼備用。

Crème mascarpone

馬期卡彭醬

材料 6人份

全蛋 œufs……40g

細砂糖 sucre……20g

馬斯卡彭起司 mascarpone……100g

鮮奶油（42%） crème liquid 42%MG……100g

作法

1

在大調理盆裡放入全蛋及細砂糖後，隔水加熱，以打蛋器一邊打發，一邊加熱至70℃。移開熱水，改以電動攪拌器攪拌至冷卻。

2

依序加入馬斯卡彭起司、打發至八分的泡鮮奶油（撈起時前端呈彎鉤狀）後，混合均勻，放入冰箱冷藏。

Fondant de Hyuganatsu

糖漬日向夏

材料 容易操作的份量

日向夏 Hyuganatsu……1個

糖漿* sirop……日向夏重量的40%

作法

1

日向夏切去頭尾後，縱向切開，稍微燙過後放涼。把日向夏及糖漿裝入食品真空袋中，以真空機抽去袋內空氣後，放入冰箱冷藏一晚。

2

放入以小火保持沸騰冒泡的熱水中（或是100℃的蒸氣烤箱），持續加熱約1小時左右，直至日向夏完全變軟。

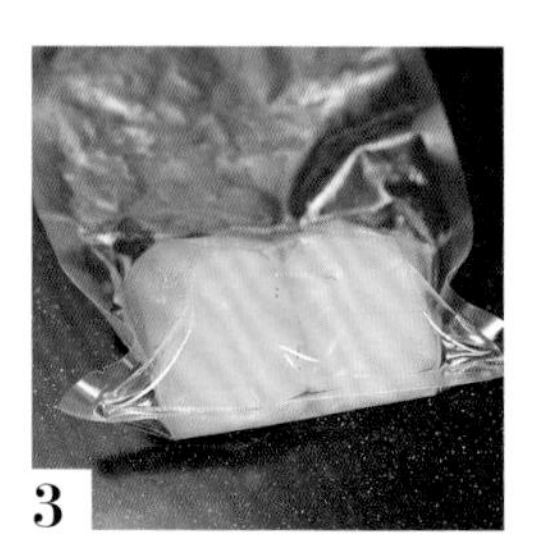

3

把步驟**2**放涼冷卻後，放入冰箱冷藏一晚。

* 鍋內放入水100g、細砂糖135g，煮沸即完成。

Crème glacée aux fèves de tonka

零陵香豆冰淇淋

材料 10人份

牛奶 lait……125g

鮮奶油（38%） crème liquid 38% MG……100g

零陵香豆 fèves de tonka……6g

蛋黃 jaunes d'œufs……60g

細砂糖 sucre……40g

作法

1

在鍋內放入牛奶、鮮奶油、略為敲碎的零陵香豆，以火加熱至沸騰。

2

在鋼盆裡放入蛋黃及細砂糖，以打蛋器混合，再加入步驟**1**的一半份量，攪拌均勻後，倒回鍋內，整體拌勻的同時以中火加熱至83℃。

3

倒入鋼盆裡，盆底接觸冰水冷卻後，靜置冰箱一晚。

4

把步驟**3**材料過濾後，倒入冰淇淋機內製作成冰淇淋。

Sirop d'imbibage

浸泡用糖漿

材料 容易操作的份量

糖漿（細砂糖和水以1：1的比例，煮沸溶化後冷卻製成）sirop 1:1……100g

糖漬所使用糖漿（參考P.24）sirop de fondant……30g

日向夏果汁 jus de Hyuganatsu……20g

作法

1

混合所有材料。

〖組合 裝盤〗

材料 裝飾用

日向夏 Hyuganatsu……適量

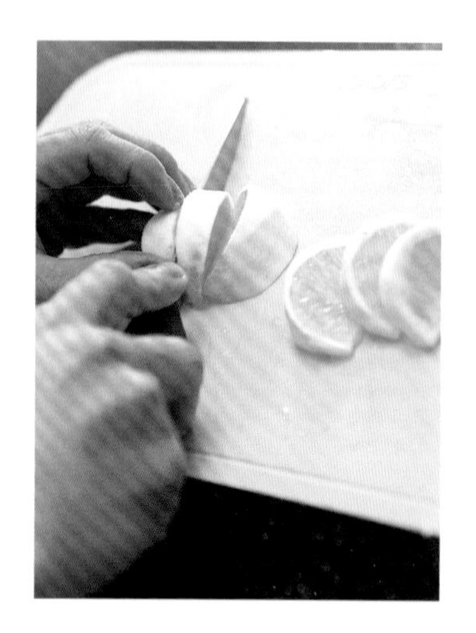

1 日向夏切去外皮，保留白皮，並先切去頭尾後，沿著側面的弧度切去外皮後，再將果肉一片一片切開。

2 圓形的手指餅乾泡過浸泡用糖漿後，放在入玻璃杯底。

3 將日向夏的果肉片，白皮向外，在步驟**2**裡裝擺一圈。

4 另取一容器裝入馬斯卡彭醬。

5 在裝盤用的盤子上，擺好切成一口大小的糖漬日向夏。

6 在步驟**3**中央擺上一球零陵香豆冰淇淋，插上棒狀的手指餅乾。把玻璃杯直接放在盤子上，再搭配步驟**4**呈現。

春天的水果 3

文旦

Buntan

在日文裡也稱為Zabon、Bontan。收成期雖為冬季，但為了降低酸味，會貯藏至春天才上市。購買後也可先嚐嚐味道，若感覺酸味仍重，也可多置放一陣子後再使用。由於種籽多、皮厚，能食用的部位並不多，因此同時使用微酸的果肉及帶有苦味的果皮，更能增添風味。

〔產期〕

1月 2月 3月 4月 5月 6月 7月 8月 9月 10月 11月 12月

Un dôme au Buntan enrobé de sa gelée

果凍凝露文旦小圓頂

這是一款文旦版本的義大利圓頂蛋糕。
中間為糖漬文旦及堅果的混合百匯。
表面覆蓋文旦的果肉，為呈現飯店甜點的精緻感，
最後添加了凝凍。
入口即化的凝凍於甜點上桌後淋上，
讓洋菜的作用徹底發揮，完美呈現慢慢凝結的效果。

Pâte à génoise
海綿蛋糕

材料　直徑12cm的圓形模1個（8個份）

A
- 全蛋 œufs……120g
- 細砂糖 sucre……54g
- 蜂蜜 miel……10g

低筋麵粉 farine faible……67g

牛奶 lait……25g

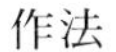

作法

1
鋼盆裡放入**A**料後，以電動攪拌器攪拌至撈起後呈現緞帶般落下的質地。

2
加入過篩後的低筋麵粉，輕輕拌勻，再倒入牛奶，混合均勻。

3
倒入直徑12cm的圓模內，以預熱至180℃的烤箱烤20分鐘。出爐後脫模放涼。

4
海綿蛋糕橫切成厚度2mm至3mm。為了配合再糖漬文旦的百匯〈參考P.30〉使用了直徑7cm圓頂形矽膠模（Flexipan），將海綿蛋糕切成直徑6cm的圓形共8片，將作為蓋子使用。其餘的蛋糕切成三角形。

Confit de Buntan
糖漬文旦

材料　容易操作的份量

文旦 Buntan……2個

糖漿（細砂糖和水以1：1的比例，煮沸溶化後冷卻製成）sirop 1:1……500g

細砂糖 sucre……80g×4次

作法

1
文旦切成4等分，川燙兩次。

2
把糖漿倒入鍋子加熱至約90℃後，放入文旦。蓋上緊貼果肉的鍋蓋，以小火再次加熱至90℃後，熄火，靜置於常溫下一天。

3
取出文旦，單獨加熱糖漿。煮開後加入80g的細砂糖，煮至沸騰，再倒回文旦，蓋上緊貼果肉的鍋蓋後，以小火再次加熱至90℃。完成後熄火，靜置於常溫下一天。

4
步驟3重複3次。

Parfait au confit de Buntan

糖漬文旦百匯

材料 直徑7cm的圓頂矽膠模Flexipan 16個份

糖漬文旦〈參考P.29〉 confit de Bundan……60g

杏仁碎 amandes hachées……30g

核桃碎 noix cerneaux hachées……30g

A
- 蛋黃 jaunes d'œufs……75g
- 糖漬文旦中使用的糖漿〈參考P.29〉 sirop de confit……100g
- 文旦果汁 jus de Bundan……40g

鮮奶油（38%） crème liquide 38% MG……150g

B
- 糖漬文旦中使用的糖漿〈參考P.29〉 sirop de confit……100g
- 水 eau……100g

作法

1

去除糖漬文旦的果肉後，將外皮切碎，和烘烤過後的杏仁及核桃混合。

2

製作沙巴雍。在鋼盆裡依序放入**A**料，同時以打蛋器攪拌均勻。隔水加熱，以打蛋器打發起泡，並加熱至70℃。離開熱水，改以電動攪拌器繼續攪拌，同時冷卻。

3

將鮮奶油打發至八分（撈起時前端呈彎鉤裝）後，倒入沙巴雍內，以打蛋器混合均勻。再倒入步驟**1**，然後以抹刀拌勻。

4

在直徑7cm的圓頂矽膠模內，鋪上切成三角形的海綿蛋糕〈參考P.29〉。然後刷上混合好的**B**料。

5

把步驟**3**材料裝入擠花袋內，擠在步驟**4**材料裡至離邊緣剩2至3mm處，蓋上切成直徑6cm的圓形海綿蛋糕。放入冷凍庫冷卻固定。

Gelée de Buntan

文旦凝凍

材料 6人份

洋菜 agar-agar……15g
細砂糖 sucre……160g
水 eau……150g
文旦果汁 jus de Buntan……160g
淡蘭姆酒 rhum blanc……12g

作法

1 混合洋菜與部分細砂糖（約10g）備用。在鍋內倒入水、剩餘細砂糖、文旦果汁後加熱至70℃，再加入洋菜混勻。

2 趁尚有餘溫，加入淡蘭姆酒。

〖組合・裝盤〗

材料 裝飾用

文旦果肉（切成薄片） quartiers de Buntan……1盤裡約12至13片
金箔 feuille d'or……適量

1 在盤子裡放上糖漬文旦百匯，再以文旦果肉交疊的方式排列，將百匯包覆起來。

2 表面撒上金箔。

3 把凝凍裝在玻璃小杯內，搭配步驟2一起盛盤。

American cherry是美國原產的櫻桃總稱，也是它最響亮的名號。比起日本產櫻桃來得大顆，特色是甜度高、酸度低。雖說與日本國產櫻桃相比，保存日期長一些，但仍屬於相當脆弱的水果，即使放入冷藏保存也應該趁新鮮食用。由於酸化速度快，容易變黑，請於使用前的最後一刻再切開。

〔產期〕

1月 2月 3月 4月 5月 6月 7月 8月 9月 10月 11月 12月

春天的水果 4

黑櫻桃

cerise noire

Blanc manger et smoothie de cerise noire

法式奶凍&黑櫻桃奶昔

思考如何搭配和黑櫻桃口味近似的食材時，最先想到的就是杏桃。
接著想到的是「杏」仁豆腐 →（和杏仁的香味類似）杏仁→（以杏仁製作）法式奶凍……就這樣串聯起各種食材。搭配兼俱冰淇淋及醬料功能的奶昔，
再以酥軟的蜜蕾頓（Mirliton）完美點綴細緻優雅的果凍及法式奶凍。

Blanc manger

法式奶凍

材料　直徑2.5×長13.5cm的作號角麵包用的圓筒6個

杏仁膏底 pâte d'amande crue……130g

牛奶 lait……190g

吉利丁片 gélatine en feuille……7g

A｜杏仁精 extrait d'amande……6g
｜橙花露 eau de fleur d'oranger……2g

鮮奶油（45%） crème liquid 45% MG……300g

作法

1
鍋內放入杏仁膏底及牛奶後溫熱，以手持式食物處理機攪拌均勻。

2
加入以冰水泡軟並擰去多餘水分後的吉利丁，使其完全溶化。

3
步驟**2**過濾後倒入鋼盆內，盆底接觸冰水，攪拌的同時使溫度降至20℃左右。

4
加入**A**料後混合均勻，再加入打發至5分發的鮮奶油（撈起時會滴落且幾乎不留痕跡）後，拌勻。

5
將號角麵包用的圓筒一端以保鮮膜包覆後，以橡皮筋固定，倒入步驟**4**。放入冷凍庫冰凍固定。

Appareil à mirliton

蜜蕾頓

材料　15cm的正方形烤盆1個

A｜全蛋 œufs……50g
｜蛋黃 jaunes d'œufs……15g
｜細砂糖 sucre……65g
｜香草莢 gousse de vanille……1/6根份

杏仁粉 poudre d'amande……57g

玉米粉 fécule de maïs……5g

作法

1
鋼盆裡放入**A**料後，以打蛋器仔細攪拌均勻。

2
在步驟**1**裡加入杏仁粉、玉米粉，攪拌均勻。

3
烤盤上鋪好烘焙紙，放上15cm正方形烤盆，倒入步驟**2**後整平表面。

4
放入預熱至170℃的烤箱，烘烤10分鐘，取出烤盆後放涼，切成12×3cm大小即完成。

Gelée de cerise noire

黑櫻桃果凍

材料　長15×寬22cm的淺盆1個（4人份）

黑櫻桃 cerise noire……100g

A
- 水 eau……50g
- 細砂糖 sucre……15g
- 萊姆汁 jus de citron……10g
- 香草莢（二次莢） gousse de vanille……1/8根

吉利丁片 gélatine feuille……3g

櫻桃蒸餾酒 Kirsch……8g

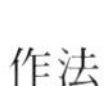

作法

1

在黑櫻桃上以刀子畫一圈後，扭轉櫻桃，對半剝開。取出種籽，再切成碎塊。取吉利丁片以冰水泡軟。

2

在鍋內放入黑櫻桃、**A**料後加熱至沸騰，煮出黑櫻桃及香草的香味。

3

熄火。取出香草，以手持式食物處理機攪拌幾秒，稍微打碎櫻桃，並保有果肉的口感。

4

移至鋼盆內，加入擰去多餘水分的吉利丁後，使其溶化。盆底接觸冰水，一邊攪拌，一邊散熱至不燙手後，倒入櫻桃蒸餾酒。

5

在長15×22cm的淺盆裡鋪上保鮮膜，倒入步驟**4**。放入冰箱冷藏固定後，切成13×4cm的長方形。

Smoothie aux cerises noires

黑櫻桃奶昔

材料　4人份

黑櫻桃* cerise noire……120g

萊姆汁 jus de citron……18g

牛奶 lait……60g

香草冰淇淋 glace vanille……150

黑胡椒 poivre noir……1g

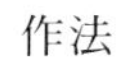

作法

1

黑櫻桃對半切開（參考黑櫻桃果凍的步驟**1**），去除種籽後冷凍果肉。

2

把步驟**1**和其他的材料混合後，以手持式食物處理機攪拌均勻。

* 如果黑櫻桃甜度不夠時，可添加細砂糖。

〖材料・裝飾用〗

材料 裝飾用

黑櫻桃 cerise noire……適量

鏡面果膠 nappage neuter……適量

1 在裝盤用的器皿上擺放黑櫻桃果凍，上面疊上對半切開的蜜蕾頓。

2 將3顆黑櫻桃對半切開，排列於步驟1上方。

3 放上脫模後的法式奶凍，再擺上裝飾用的黑櫻桃*。

4 以玻璃杯裝入黑櫻桃奶昔，一起擺在器皿上。

* 黑櫻桃保留梗，底部薄切掉一部分。從底部以2根牙籤刺入，分離種籽及果肉後，即可取出種籽。塗上鏡面果膠。

春天的水果 5

櫻桃

cerise

櫻桃的產季為春天尾聲開始至初夏。溫和的酸味及晶瑩剔透的外型，為其最大的魅力。作為甜點食材使用時，不過於複雜的調理方式，最能展現櫻桃細膩的風味。不容易保存，即使放冷藏保存，若時間過久甜度也會變質，盡早食用為佳。切開的切口很快變黃，請於使用前一刻才切開。

〔產期〕

1月	2月	3月	4月	5月	6月	7月	8月	9月	10月	11月	12月
					━						

Cerisier

櫻桃樹

日本國產櫻桃味道相當纖細。
盛入了大量的櫻桃果泥，
搭配味道不過於搶戲的香草冰淇淋，
藉以全面襯托出櫻桃的細膩風味。
使用白巧克力作出搖籃造型的裝飾，
和鮮豔的櫻桃果肉作出對比，又能達到平衡。
橙紅色和白色相當搭調，
演繹出這一道高雅的甜品。

Cake au chocolat blanc

白巧克力餅

材料 直徑6cm的餡餅形矽膠模Flexipan 16個份

白巧克力 chocolat blanc……60g

牛奶 lait……50g

麥芽糖 glucose……25g

全蛋 œufs……60g

細砂糖 sucre……40g

A | 低筋麵粉 farine faible……50g
| 泡打粉 levure chimique……2g
| 脫脂奶粉 poudre de lait……10g

B | 蛋白 blancs d'œufs……40g
| 細砂糖 sucre……20g

作法

1 鋼盆裡放入切碎的白巧克力。以鍋子加熱牛奶及麥芽糖沸騰後，倒入鋼盆內，攪拌至巧克力溶化，均勻融合。

2 另取一大調理盆，放入全蛋及細砂糖後攪拌均勻，再倒入步驟1內。加入過篩後的A料，以打蛋器攪拌均勻。

3 把B料攪打成撈起時尖端呈現彎鉤形的蛋白糖霜後，分成兩次加入步驟2內，同時輕揉地拌勻。

4 步驟3裝入擠花袋中，把矽膠模放在烤盤上，然後擠出至模高度一半，再以預熱至130℃的烤箱烤10至12分鐘。

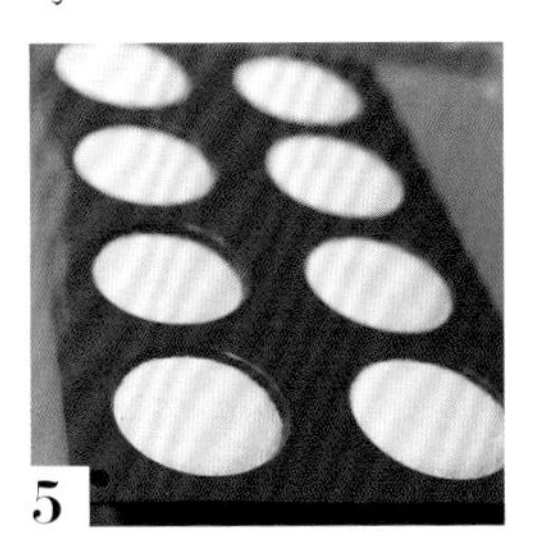

5 從烤盤內取出後，不用脫模，直接放涼。

Compoté de cerise
櫻桃果泥

材料 4人份

櫻桃 cerise……100g

A | 水 eau……30g
細砂糖 sucre……12g
萊姆汁*1 jus de citron……6g

作法

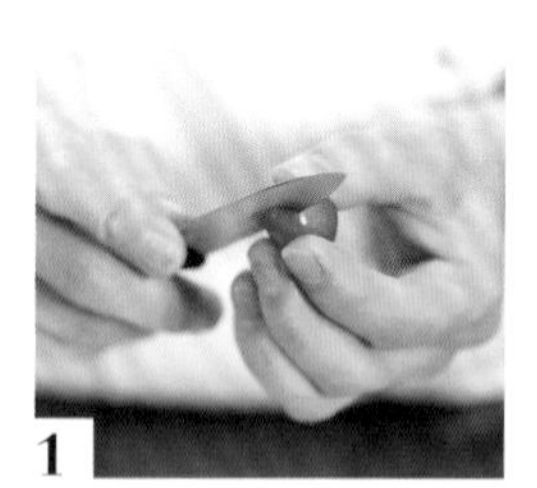

1
櫻桃直立方向入刀一圈，扭轉果實即可對半剝開，再去除種籽。

2
鍋內放入**A**料後煮沸，再加入櫻桃。煮開後熄火，趁熱以食物調理機攪拌至完全看不見果肉*2。

3
倒入鋼盆內，盆底接觸冰水，散熱冷卻。

*1 萊姆汁是為防止顏色變黃而使用，如果怕太酸，也可以使用ascorbic acid（維他命C的粉末）來替代，風味可維持較久。

*2 加熱後櫻桃的顏色會變淡，可加點色素調整。

Sorbet à la vanille
香草冰沙

材料 10人份

牛奶 lait……450g
鮮奶油（45%） crème liquid 45% MG……50g
麥芽糖 glucose……60g
香草莢 gousse de vanille……1/2根
煉乳 lait concentré……100g

作法

1
鍋內放入所有材料後加熱至60℃，香草莢的香味可完全融入。

2
倒入鋼盆裡，盆底接觸冰水散熱冷卻。

3
取出香草根，倒入冰淇淋機內。

Sauce aux cerises

櫻桃醬

材料 容易操作的份量

櫻桃 cerise……80g
細砂糖 sucre……24g
水 eau……80g
萊姆汁 jus de citron……5g
櫻桃蒸餾酒 kirsch……10g

作法

1 櫻桃直立方向入刀一圈，扭轉果實即可對半剝開，去除種籽後再把每一塊果肉切成4等分。

2 平底鍋內倒入細砂糖後，以中火加熱，顏色呈現焦糖色*後，加入水及萊姆汁，同時混合至完全溶解。

3 將櫻桃加入步驟2內，以中小火煮開後，加入櫻桃蒸餾酒。

* 為了強調後來加入的櫻桃香氣，細砂糖就煮至出現焦糖的顏色即可。煮得太焦會出現苦味，請特別留意。

〖組合・裝盤〗

材料 裝飾用

櫻桃 cerises……適量
裝飾用白巧克力* décor en chocolat blanc……適量
金箔 fuille d'or……適量

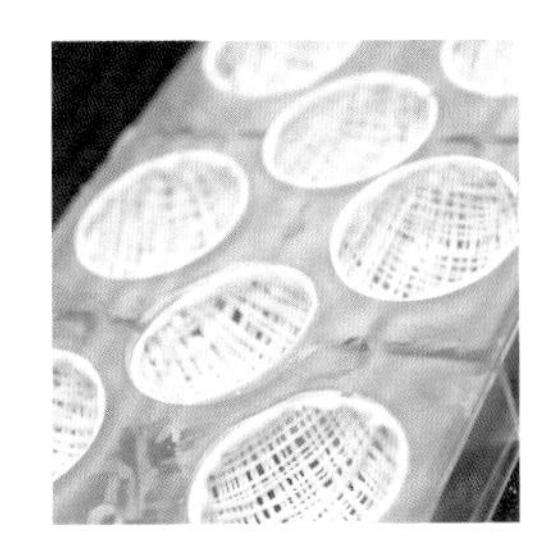

* 把調溫過後的白巧克力，裝入擠花袋內，擠在直徑6cm的半圓形模內，畫出網狀模樣後，再在邊緣畫一圈，固定後的成品。

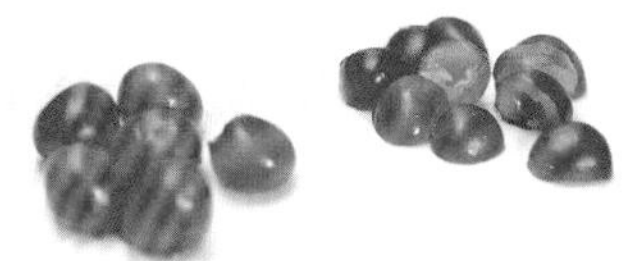

1 一半份量的櫻桃維持完整果實外型，以刀子挖去種籽；剩餘半量的櫻桃則對半切開後去除種籽。

2 容器底部放上白巧克力餅，淋上30g果泥。放上裝飾用的白巧克力，再加上步驟1的櫻桃。

3 加上橢圓球形的香草冰沙。在白巧克力上點綴金箔，最後放上一顆帶梗的櫻桃。

和夏天及秋天相比，春天出產的水果種類較少，每年在設計飯店用的甜點菜單時都傷透了腦筋。此時番茄就成了我的救星。番茄是經過特殊栽培法，提高甜度的小番茄。近年來，有許多品種是針對甜味而生產，但對於甜品製作而言，不只甜度同時也帶有酸味的品種，才是最適合的。在此使用了靜岡出產的amela。

〔產期〕

1月 2月 3月 4月 5月 6月 7月 8月 9月 10月 11月 12月

春天的水果 6

番茄

fruit-tomate

Cocktail de fruit-tomate et sa madeleine

番茄雞尾酒
&馬德蓮小蛋糕

說到番茄，最先想到的是番茄凝凍，
再者是有如沙拉般擺上大量的新鮮水果
營造出潤澤感的雞尾酒甜點。
選用和番茄十分對味的草莓及柳橙作搭配，
不僅能增添風味，整體色彩也非常相搭。
瑪德蓮也加入了番茄，
佐以優格冰沙轉換口中的氣味。

Gelée de fruit-tomate

番茄凝凍

材料 直徑12cm（280ml）的馬丁尼杯5個份

番茄 fruit-tomate……215g

草莓 fraise……20g

A
- 柳橙汁（100%） jus d'orange……45g
- 細砂糖 sucre……15g
- 蜂蜜 miel……15g

B
- 細砂糖 sucre……10g
- 洋菜 agar-agar……4g

作法

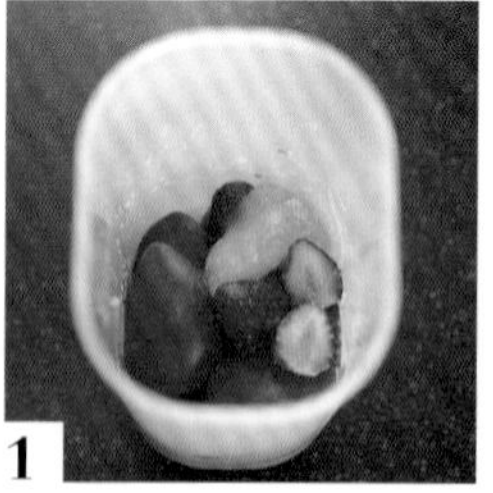

1

番茄、草莓去蒂後和**A**料混合，以手持式食物處理機（hand blender）攪拌均勻。確認甜度，若不夠可加入細砂糖（份量外）調整。

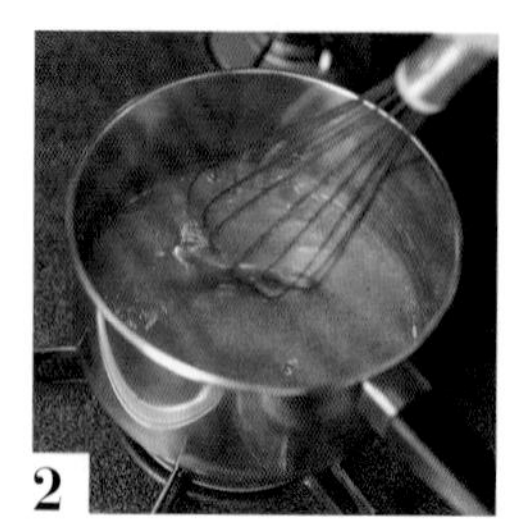

2

過濾後倒入鍋內，煮至沸騰後倒入混合好的**B**料，以打蛋器拌勻。表面的浮沫以廚房紙巾去除。

3

盡速倒入馬丁尼杯中，放入冰箱冷藏固定。

Marmelade de fruit-tomate

番茄果醬

材料 用於12至14個瑪德蓮小蛋糕

番茄 fruit-tomate……80g

乾燥番茄 tomate confite séchée……40g

紅糖 cassonarde……20g

萊姆汁 jus de citron……6g

柳橙汁（100%） jus d'orange……15g

作法

1

番茄及乾燥番茄皆去蒂後，切碎。

2

在鍋裡放入步驟**1**及其他所有材料，以小水煮至所有水分蒸發。完成後的重量約為70g。

Madeleine de fruit-tomate

番茄瑪德蓮

材料　瑪德蓮小蛋糕模12至14個

A
- 全蛋 œufs……60g
- 細砂糖 sucre……40g
- 香草莢 gousse de vanille……1/5根份

B
- 低筋麵粉 farine faible……70g
- 泡打粉 levure chimique……2g

融化的奶油 beurre fondu……70g

番茄果醬〈參照P.44〉 marmelade de fruit-tomate……70g

塗抹模用
- 奶油 beurre……適量
- 高筋麵粉 farine forte……適量

作法

1 大調理盆裡放入**A**料後仔細拌勻，再加入過篩後的**B**料，倒入融化的奶油攪拌均勻。

2 在步驟**1**裡加入切碎的番茄果醬*後，攪拌均勻。送入冰箱冷藏15分鐘。

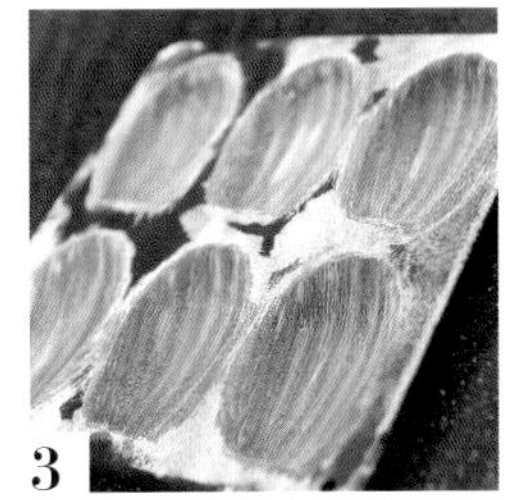

3 在瑪德蓮模裡塗上大量軟化的奶油後，放入冰箱冷卻。撒上大量的高筋麵粉，翻面使多餘的麵粉自然掉落。

4 把步驟**2**裝入擠花袋裡，在模內擠出約7分滿。放入預熱至200℃的烤箱，烘烤10分鐘（中途將烤盤內外對調，避免烘烤不均勻）。

5 出爐後立刻脫模，放涼。

* 果醬的果肉若太大會沉到麵團底部，所以請盡量切碎。

Sorbet au yaourt

優格冰沙

材料 8人份

A
- 水 eau……175g
- 細砂糖 sucre……75g
- 麥芽糖 glucose……25g

B
- 優格 yaourt……170g
- 萊姆汁 jus de citron……18g
- 蜂蜜 miel……15g
- 鮮奶油（38%） crème liquid 38% MG……25g

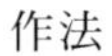

作法

1
煮沸**A**料變成糖漿，放涼。

2
大調理盆裡放入**B**料後混合均勻後，加入步驟**1**，再倒進冰淇淋機內製作成冰沙。

Mélange de fruits frais

綜合水果

材料 3至4人份

- 番茄 fruit-tomate……1個
- 草莓 fraises……3個
- 柳橙果肉 quartiers d'oroange……3顆

A
- 義大利香醋 vinaigre de balsamique……1/2小匙
- 橄欖油 huile d'olive……1/2小匙
- 細砂糖 sucre……1小撮
- 鹽 sel……少許

作法

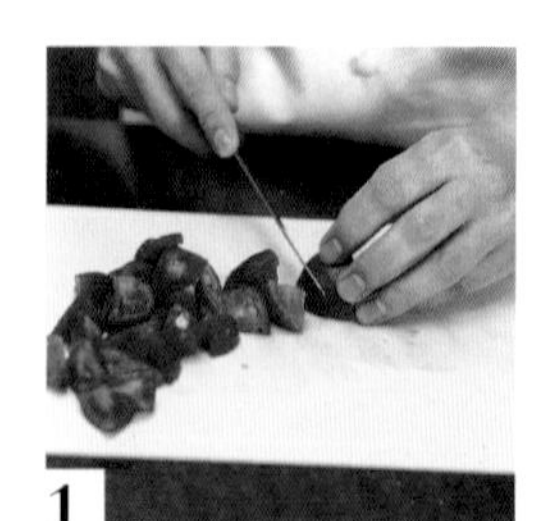

1
番茄去蒂後切成2cm的小塊狀，草莓切成4等分，柳橙果肉對半切開。

2
裝盤前把步驟**1**和**A**料混合拌勻。

Peau de fruit-tomate séchée

番茄皮

材料 容易操作的份量

番茄 fruit-tomate……適量

細砂糖sucre……適量

作法

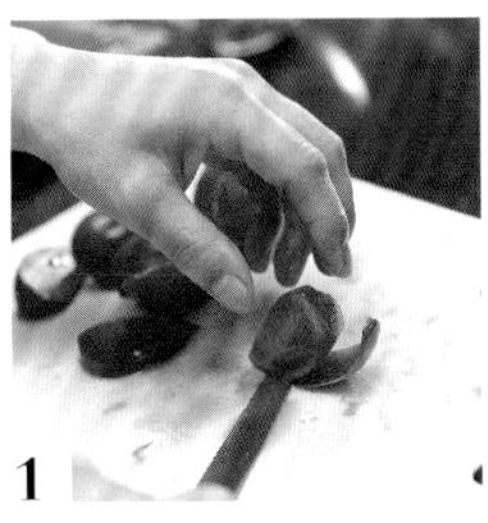

1 番茄保持圓形去蒂後，切成8等分半月形。皮朝下，在果皮及果肉之間入刀，取下果皮。

2 將果皮排列於廚房紙巾上，上面再加一片廚房紙巾，輕壓去除多餘水分。

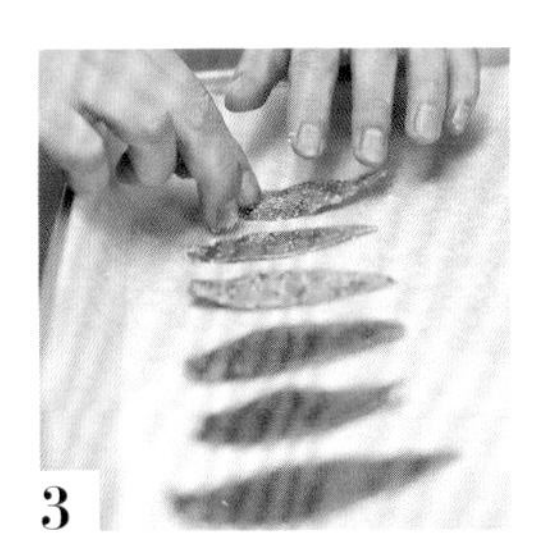

3 在果皮較粗糙的那面撒上細砂糖後，糖面向上排放在鋪好烘焙紙的烤盤上。放入烤箱，以100℃烘烤3至4分鐘。

〚組合・裝盤〛

1 在裝有凝凍的馬丁尼杯上，擺放綜合水果。

2 在裝盤用的器皿中央，放上兩個瑪德蓮。在旁邊放上一點瑪德蓮的碎塊，在上面放一球橢圓形的優格冰沙。

3 在同一個器皿上擺放步驟1，再以烤過的番茄皮脆片裝飾點綴。

Une fruit-tomate sur la glace

冰上番茄

這個構想是源自於番茄鑲肉這道料理。
若單純使用番茄，味道稍嫌單調，
因此加上了草莓作為搭配。
或許大家會感到意外，但其實番茄和草莓相當對味，
在法國也算是常見的料理組合。
糖板下鋪著清爽的法式萊姆冰沙，
無論外型或口感都洋溢著清涼美味。

Fruit-tomate pochée

水煮番茄

材料 5至6人份

番茄 fruit-tomate……5至6個

A
- 水 eau……400g
- 細砂糖 sucre……150g
- 蜂蜜 miel……50g

作法

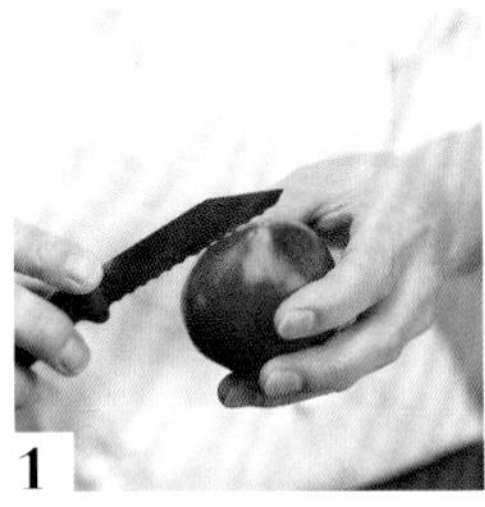

1
在番茄表面畫出十字形刀口。

2
鍋中煮好滾水，將番茄小心地放入熱水中，待果皮外掀後，取出放入冰水裡。留下蒂頭，剝下外皮。

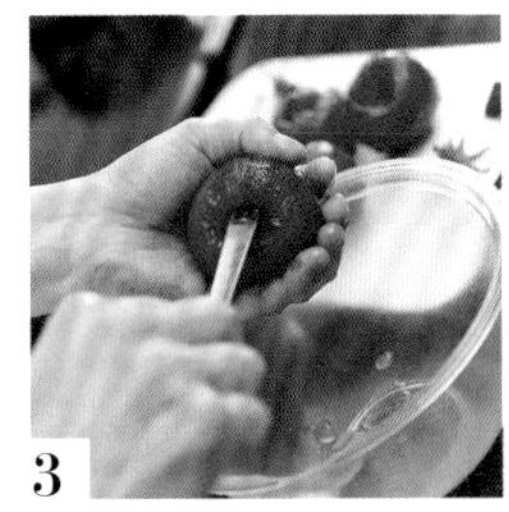

3
沿著蒂頭四周以刀子畫一圈，把蒂頭取下。內部也先以刀子畫開後，以小湯匙把果肉取出。

4
以鍋子煮沸**A**料，作成糖漿。

5
把番茄放入大調理盆中，倒上熱的糖漿，放上蒂頭。加上保鮮膜貼合番茄蓋好，待溫度降至室溫後，放入冰箱冷藏一晚。

Marmelade fruit-tomate / fraise

番茄草莓果醬

材料　8人份

番茄 fruit-tomate……160g

草莓 fraise……50g

A
- 細砂糖 sucre……30g
- 萊姆汁 jus de citron……10g
- 香草莢 gousse de vanilla……1/5根

B
- 細砂糖 sucre……10g
- NH果膠粉 pectine NH……2g

作法

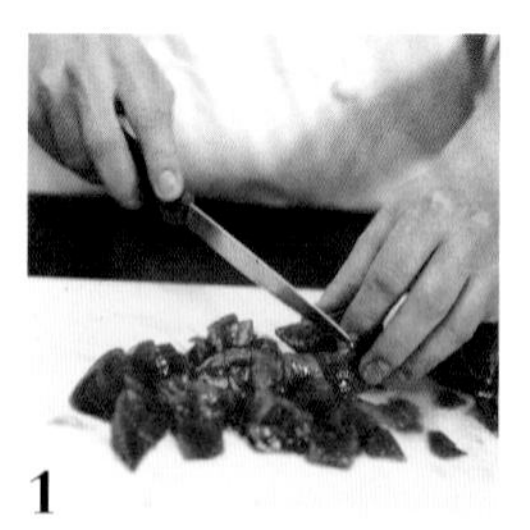

1
番茄及草莓皆去蒂、番茄去皮後，切成小塊。

2
鍋中放入步驟**1**、**A**料，以小火煮開。待水分蒸發完後，加入混合好的**B**料，煮至沸騰的同時仔細攪拌均勻。

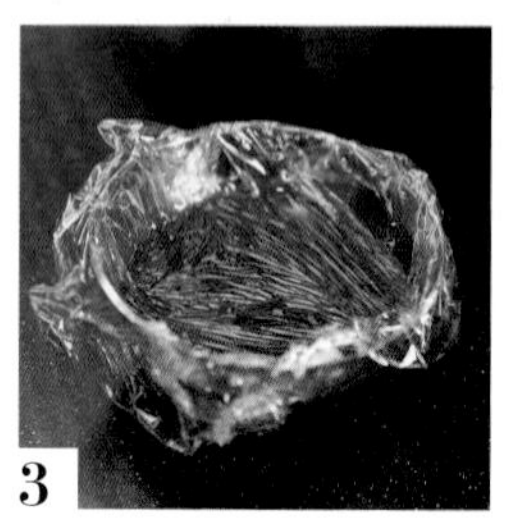

3
倒入保存容器內，為了不讓表面乾燥，請蓋上一層貼合表面的保鮮膜。

Crème fromage

起司霜

材料　5人份

奶油起司 cream cheese……50g

細砂糖 sucre……10g

現磨萊姆皮 zeste de citron râpé……1/6個份

鮮奶油（42%） crème liquid 42% MG……75g

作法

1
奶油起司放於室溫下回溫，加入細砂糖及現磨萊姆皮後，混合拌勻。

2
加入鮮奶油後攪拌均勻，以打蛋器打發至八分發（撈起時，尖端呈彎鉤狀）。

Granité au citron

法式萊姆冰沙

材料 5至6人份

A
- 水 eau……150g
- 細砂糖 sucre……80g
- 蜂蜜 miel……20g

萊姆汁 jus de citron……60g

現磨萊姆皮 zeste de citron râpé……1/3個份

淡蘭姆酒 rhum blanc……10g

作法

1

鍋內放入**A**料後煮沸，作成糖漿。倒入鋼盆裡，盆底接觸冰水散熱冷卻後，加入剩餘的材料。

2

放入冷凍庫內，待冰凍至即將凝固前，以叉子攪拌開來，再送回冷凍。重複此動作4至5次。

Décor en sucre

裝飾用糖板

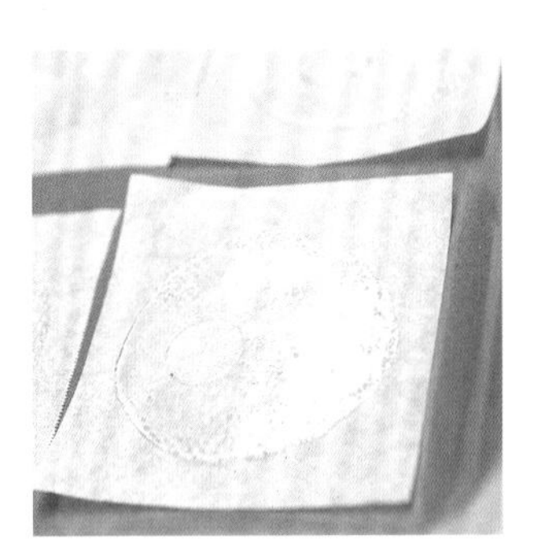

材料 容易操作的份量

細砂糖 sucre……150g

麥芽糖 glucose……50g

水 eau……30g

作法

1

鍋內放入所有材料後煮沸，持續煮至溫度達到140℃的濃縮狀態。

2

在烘焙紙上攤平後冷卻，固定後再把糖片磨成粉末狀。

3

在鋪上烘焙紙的烤盤上，放上挖好直徑9cm圓形的中空紙模，並以挖下來的圓紙再作一個直徑2.5cm的圓形，放在剛剛的大圓形孔洞中。撒上步驟2的糖粉後，取出紙模。

4

放入預熱至220℃的烤箱內後，熄火，等待幾分鐘讓糖融化。取出後靜置待其凝固變硬。

＊ ｜ 紙模可以用厚紙片自行製作。

〖組合・裝盤〗

材料 裝飾用

番茄 fruit-tomate……適量
草莓 fraise……適量
薄荷葉 feuilles de menthe……適量

1 將水煮番茄放在紙巾上1至2分鐘，去除多餘水分。

2 擠花袋裝上圓形花嘴，在水煮番茄裡擠入起司霜約9分滿。

3 將番茄切成8等分的半月形後，再將每一片的長度對半切開，放2塊至步驟**2**。加入1茶匙番茄草莓果醬後，再以蒂頭將水煮番茄蓋起來。

4 取一個有深度的器皿作為裝盤用，在底部鋪上份量足夠的法式萊姆冰沙後，加上切開成4等分的草莓、步驟**3**剩下的番茄，撒上薄荷葉。

5 放上裝飾用糖板，在凹陷處擺上步驟**3**的水煮番茄。

Caramel

奶油糖×2

以番茄＆清美蜜柑製作而成的奶油糖。
由於使用新鮮水果製作，在口味上容易出現不穩定的情況，
請先嚐過水果的味道再進行，若味道不足，可添加果泥來補充。
番茄可以鹽來提味，在此使用的是含鹽奶油。
清美蜜柑也可以其他的柑橘類來調整。

Caramel fruit-tomate

番茄牛奶糖

材料　15×15cm的慕絲圈1個份

番茄 fruit-tomate ……160g*1

柳橙汁（100%）jus d'orange……30g

A
- 細砂糖 sucre……150g
- 麥芽糖 glucose……45g
- 轉化糖 trimoline……55g
- 鮮奶油（38%） crème liquid 38% MG……60g

含鹽奶油 beurre demi-sel……60g

*1　如果想要味道更濃郁，可將番茄份量的50g換成市售的番茄泥（或10g至15g的濃縮番茄）。

*2　若以小火加熱，水分會蒸發得過多，在此以火苗不超出鍋底的大火來加熱。

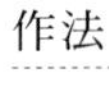

作法

1
番茄去皮〈參考P.49水煮番茄的步驟1至2〉，取下蒂頭。以手持式食物處理機攪拌成泥狀後，加入柳橙汁，繼續攪拌。

2
取一個大鍋子，放入步驟**1**及**A**料後開大火*2，一邊攪拌，一邊加熱至鍋內溫度為120℃，且變得濃稠。

3
加入奶油，再次一邊攪拌，一邊加熱使溫度回到120℃。

4
在烘焙紙上置放15×15cm的慕絲圈，倒入步驟**3**後直接放涼冷卻。凝固後，切成一口大小，以透明紙包裝起來。

Caramel orange Kiyomi

清美蜜柑奶油糖

材料　15×15cm的慕絲圈1個份

A
- 清美蜜柑果汁 jus de Kiyome……100g
- 清美蜜柑果肉 quartier de Kiyomi……150g
- 細砂糖 sucre……100g
- 麥芽糖 glucose……50g
- 轉化糖 trimoline……40g
- 鮮奶油（38%） crème liquid 38% MG……100g

含鹽奶油 beurre demi-sel……60g

作法

1
取一大鍋放入**A**料後以大火加熱（請參考上面備註*2），混合後持續煮至濃縮，且溫度到達120℃。

2
加入奶油，再次一邊攪拌，一邊使溫度回到120℃。

3
在烘焙紙上置放15×15cm的慕絲圈，倒入步驟**2**後直接放涼冷卻。凝固後，切成一口大小，以透明紙包裝起來。

梅子

楊梅

芒果

紅李

哈密瓜

桃子

無花果

西瓜

chapitre 2

〔夏天的水果〕

夏季是一年之中水果產量最為豐富的黃金時期。
尤其梅子、紅李、桃子等薔薇科的水果更是正逢產期。
色澤飽滿，味香汁甜。
水果盛產也是這個季節的特色之一。

梅子

prune japonaise

由於梅子無法直接食用，大多是以砂糖或酒醃漬加工後食用。若想要食用梅子，也建議先加熱調理。在此使用的非一般的青梅，而是酸味較為溫和的成熟梅子。雖然也能買到提前採收後，等待熟成的梅子，最好使用在樹上成熟後，才摘取的品種，香味較濃。但因成熟梅子不易保存，請盡早使用。蒂頭以竹籤挑除。由於酸度可能腐蝕金屬，調理時請使用不鏽鋼或珐瑯材質的鍋具。

〔產期〕

1月 2月 3月 4月 5月 6月 7月 8月 9月 10月 11月 12月

Prune japonaise et saké

梅子佐濁酒

以熟成梅子所設計出宛如甜點前奏曲（avant dessert）的清爽甜品。
使用和梅子的酸味相輔相成的濁酒，非常對味。
果凍裡混合了蘇打水，襯托出梅子明亮的酸味及清爽多汁的口感，
還有沁入心脾的醇厚濁酒香氣。
僅使用三種元素，口感相當獨特，品嚐後的餘韻令人回味無窮。

Gelée de sirop de prune japonaise

梅子糖漿凝凍

材料　6至8人份

成熟梅子 prune japonaise……3個（果肉85g）

細砂糖 sucre……105g

香草莢 gousse de vanille……1/2根

蘇打水（氣泡強的）eau petillante……梅子糖漿重量的40%

吉利丁片 gélatine de feuille……梅子糖漿和蘇打水的重量總合的2%

作法

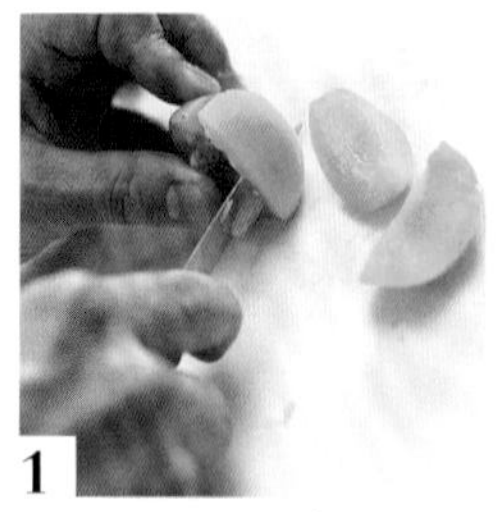

1
梅子在帶核的狀態下切成4等分。先在外圍入刀畫出十字圈，在果核及果肉之間入刀，即可取出果核。

2
把步驟1的果核、細砂糖、切成4等分的香草莢，放入鋼盆中後混合，覆蓋保鮮膜後，隔水加熱約1小時。

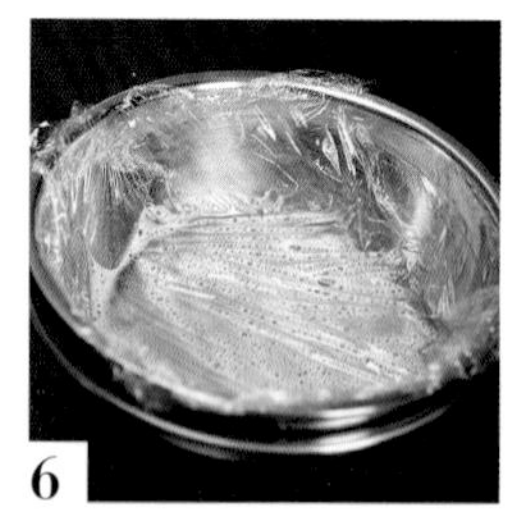

3
梅子煮出水分後，以濾網撈起。測量糖漿的重量，計算出蘇打水及吉利丁片的重量。

4
吉利丁片以冰水泡軟，趁糖漿還有熱度時，擰去吉利丁多餘的水分後，加到糖漿中溶化。

5
把鋼盆底部接觸冰水散熱冷卻，在即將凝固之前（10℃至15℃）。蘇打水從鋼盆邊緣慢慢地一點一點倒入，輕輕拌勻。

6
為了不讓氣泡蒸發，蓋上貼合的保鮮膜，放入冰箱冷藏固定。

Sorbet au Saké

濁酒冰沙

材料　20人份

A
- 濁酒 saké……200g
- 水 eau……100g
- 麥芽糖 glucose……50g

細砂糖 sucre……60g

安定劑 stabilisateur……5g

濁酒 saké……170g

鮮奶油（38%）crème liquid 38% MG……80g

作法

1
混合細砂糖及安定劑。

2
鍋內放入**A**料後煮沸，再加入步驟1後混合均勻。再次煮沸後熄火，倒入鋼盆裡，底部接觸冰水冷卻。

3
加入濁酒、鮮奶油後混合均勻，再倒入冰淇淋機製作成冰沙。

Prune japonaise pochée

糖煮梅子

材料 12人份

成熟梅子 prune japonaise……6個（果肉170g）

A | 細砂糖 sucre……160g
水 eau……80g

作法

1 梅子裝入耐熱容器中，覆蓋保鮮膜，隔水加熱15分鐘左右，煮至梅子完全變軟前取出。

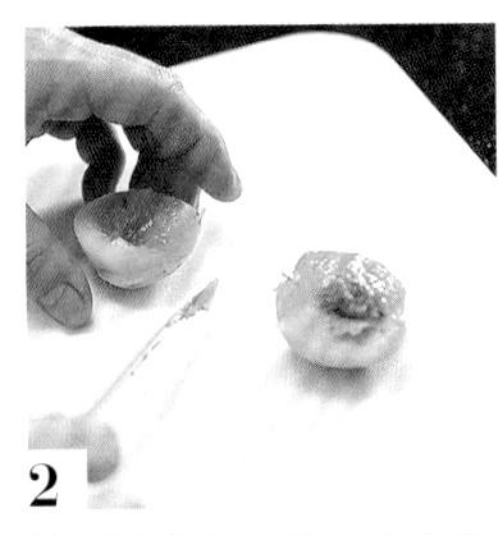

2 以刀子在梅子果肉上入刀一圈後，扭轉果實，即可對半切開，並取出果核。

3 材料**A**料放入不鏽鋼或琺瑯鍋內，煮至沸騰後離火，趁熱加入步驟2，以保鮮膜貼合梅子覆蓋後，以室溫放涼。

4 倒入保存用的容器內，以冰箱冷藏保存。

〖組合・裝盤〗

材料 裝飾用

金箔 feuille d'or……適量

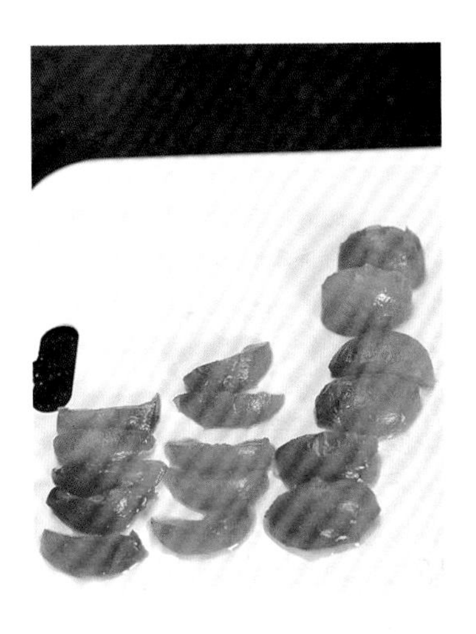

1 糖煮梅子切成4等分的半月形。

2 在裝盤用器皿內擺上梅子糖漿的凝凍。

3 再加上3片糖煮梅子及濁酒冰沙後，以金箔裝飾點綴。

夏天的水果 2

楊梅

myrica rubra

日本楊梅生長於關東、四國及九州等溫暖地區，經常被種植在庭院或公園中。不僅帶有爽口的酸甜，為了讓松香般獨特的氣味發揮到極致，直接使用不經加工的新鮮果實，製作冰淇淋、果醬等簡單料理即可食用的甜品最為適合。直徑1cm至2cm的小巧果實卻有著大比例的果核，除了把果肉削下使用之外，也可以刻意保留果核，整顆使用。由於果實相當嬌弱容易受損，請立即使用。

〔產期〕

1月　2月　3月　4月　5月　6月　7月　8月　9月　10月　11月　12月

Flan au myrica rubra

楊梅布丁&冰沙

結合了我最愛的布丁及回鄉探親時老家附近採收的楊梅，
將雙重的美味發揮到最大值的美味組合。
最先考慮的是，如何使用新鮮的楊梅，
進而決定保留果核，整齊地擺放在布丁作裝飾。
雖然直接使用楊梅，顏色似乎暗了些，
但將加入牛奶和煉乳的冰沙襯托出鮮明的粉紅色。
淋上沾醬後，更增添些許華麗氣息。

Flan à la vanille
香草布丁

材料　直徑6.5×高2.3cm的慕絲圈 6個份

A
- 牛奶 lait……220g
- 水 eau……160g
- 香草莢 gousse de vanille……1/3根

全蛋 œufs……120g

蛋黃 jaunes d'œufs……20g

細砂糖 sucre……80g

B
- 低筋麵粉 farine faible……16g
- 玉米粉 fécule de maïs……14g

塗抹模用的奶油 beurre……適量

作法

1
鍋內放入**A**料，煮至沸騰。

2
在鋼盆裡放入全蛋及蛋黃後打散。加入細砂糖及過篩後的**B**料，加入的同時一邊混合拌勻。倒入步驟**1**，經過濾後再倒回鍋內。

3
以中火加熱，一邊以抹刀持續不停地攪拌，直至沸騰且質地出現光澤。

4
慕絲圈內塗 奶油後，放在已鋪好烘焙紙的烤盤上。將步驟**3**倒入慕斯圈裡，放入預熱至180℃的烤箱，烘烤40分鐘。

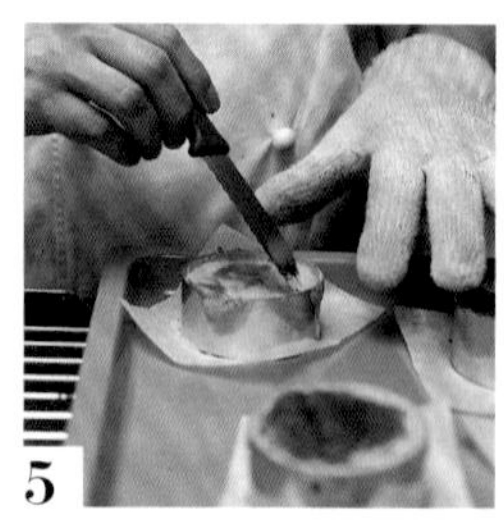

5
出爐後，以奶油 刀整平表面。放涼至不燙手後，沿著慕絲圈和布丁中間入刀一圈，移除慕絲圈。放入冰箱冷藏一晚。

Marmelade au myrica rubra
楊梅果醬

材料　8至10人份

A
- 楊梅（去除果核後）myrica rubra……100g
- 細砂糖 sucre……30g
- 萊姆汁 jus de citron……8g

B
- 細砂糖 sucre……10g
- NH果膠粉 pectine NH……2g

作法

1
在鍋中放入**A**料後點火加熱，煮開。

2
混合**B**料，倒入步驟**1**內同時仔細攪拌均勻。持續煮約1分鐘後熄火。

Sorbet au myrica rubra

楊梅冰沙

材料 8人份

A 牛奶 lait……100g
麥芽糖 glucose……20g
煉乳 lait concentré……70g

B 楊梅（去除果核）myrica rubra……140g
法式酸奶油 crème fraîche……40g
萊姆汁 jus de citron……10g

作法

1
先以鍋子溫熱**A**料後，再倒入鋼盆裡，底部接觸冰水冷卻。

2
加入**B**料後以手持式食物處理機攪拌均勻，再倒入冰淇淋機製作成冰沙。

Pâte brisée

鹹派皮

材料 8至10人份

奶油 beurre……80g
低筋麵粉 farine faible……125g
細砂糖 sucre……6g
鹽 sel……3g

A 冷水 eau……10g
牛奶 lait……10g

作法

1
將切碎的奶油、過篩後的低筋麵粉、細砂糖、鹽放入調理盆內混合後，放入冰箱冷藏。

2
把步驟1倒入甜點攪拌器的鋼盆裡，以叉子混合攪拌至變成碎顆粒狀。

3
把**A**料混合好，慢慢倒入步驟2內，大致混合揉均成一個麵團即可*。

4
取出麵團，整成四方形後以保鮮膜包起，靜置冰箱冷藏30分鐘至1小時。

5
麵團以擀麵棍擀成2至3mm厚薄後，在表面均勻戳洞後，放入預熱至180℃的烤箱，烘烤15分鐘。

6
先從烤箱內取出，以直徑6.5cm的慕絲圈切好需要的片數後，再送回烤箱烤至上色。

* *如果過度混合攪拌會產生麵筋，導致出爐後的派皮過硬，請多加留意。

〖組合・裝盤〗

材料 裝飾用

楊梅果汁 jus de myrica rubra……適量
楊梅 myrica rubra……適量
糖粉 sucre glace……適量
香草莢（使用二次莢，切成細長條狀）……適量
金箔 feuille d'or……適量

1 取適量的楊梅果醬，加入楊梅果汁稀釋，作成醬汁。

2 剩下的果醬塗抹在鹹派皮上，然後擺上布丁。布丁上方加8顆楊梅，撒上糖粉。

3 在裝盤用的器皿正中央放一點果醬，並在邊緣以醬汁畫出圓形。

4 在器皿中央放上步驟2，再加上一球橢圓形的冰沙，最後以香草根及金箔裝飾。

Baba au myrica rubra et fruit sec

楊梅&果乾巴巴蛋糕

一般用來調味巴巴蛋糕的糖漿都含有大量的蘭姆酒，
但為了讓不嗜酒的人也能輕鬆享用，
在此省略了酒的成分。
果泥則是由多種果乾、堅果及香料，
加入了紅酒後所熬煮而成。
為了不讓楊梅吸收紅酒的氣味，
最後才加入，稍微煮一下即可。

Baba
巴巴蛋糕

1. 巴巴蛋糕麵團 *Pâte à baba*

材料 直徑4cm的半球形矽膠模Flexipan 50個份

A
- 低筋麵粉 farine faible……100g
- 高筋麵粉 farine forte……100g
- 奶油 beurre……70g
- 乾酵母 levure seché……5g
- 鹽 sel……2g
- 蜂蜜 miel……9g

全蛋 œufs……250g

作法

1

把**A**料的低筋及高筋麵粉混合後過篩，奶油切成小塊。兩樣皆冷藏。全蛋打散後備用。

2

在甜點專用的攪拌器的鋼盆裡，放入**A**料*、一半份量的蛋液，裝上攪拌鉤後以低速混合。待麵團產生筋性，不再黏著於鋼盆底部後，慢慢倒入剩下的蛋液，同時持續攪拌至麵團產生筋性。

3

麵團揉好後放入淺盆裡，覆蓋保鮮膜，靜置冰箱冷藏15分鐘。

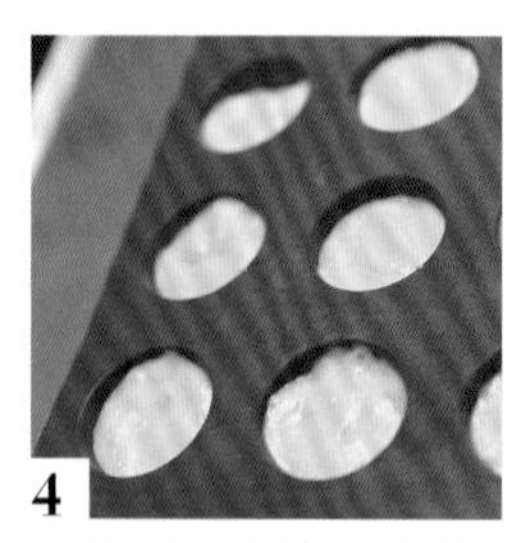

4

以擠花袋將步驟3的麵團擠入半球形的Flexipan模中，約填入八分滿，並以手指整平表面。覆蓋保鮮膜，置於溫度約28℃至30℃的溫暖處約1小時，待麵團膨脹至兩倍大，即表示發酵完成。

5

放入預熱至180℃的烤箱，烘烤約20分鐘。待表面烤上色後，把蛋糕翻面同時斜靠在模內側（立起），再次送入烤箱，烤至整體均勻烤上色。

6

出爐後置於網架上放涼。若非立即食用，請以冷凍保存。

* 若使酵母直接接觸鹽，麵團則無法膨脹。因此先將鹽混入其他粉類。

2.糖漿 *Sirop*

材料 容易操作的份量

水 eau……250g

細砂糖 sucre……200g

現磨柳橙皮 zeste d'orange……1/2個份

現磨萊姆皮 zeste de citron……1/2個份

肉桂棒 baton de cannelle……1/2根

香草料 gousse de vanille……1/5根

作法

1

在鍋中放入所有材料後煮沸，熄火，再靜置一晚。

3.裝飾

1

糖漿加熱至50℃至60℃，倒入調理盆內，放入巴巴蛋糕，正面朝下。

2

另取一個小調理盆裝水，壓在步驟1的調理盆裡，使巴巴蛋糕不會浮起來，蛋糕中心可以吸飽糖漿。

Compote
果泥

材料 5人份

楊梅 myrica rubra……40g

A
- 杏桃乾 abricot sec……10g
- 黑無花果乾 figue noire séchée……20g
- 杏仁 amande……10g
- 蔓越莓乾 airelle rouge séchée……15g
- 黑葡萄乾 raisin noir sec……20g
- 腰果 cajou……15g
- 肉桂棒 baton de cannelle……1根
- 八角 anis……1個
- 香草莢（二次莢）gousse de vanille……1根

細砂糖 sucre……60g

紅酒 vin rouge……120g

水 eau……50g

作法

1

把**A**料當中的杏桃乾、無花果乾、杏仁，都切成容易入口的大小。

2

鍋中倒入細砂糖後點火，煮至淡焦糖色，慢慢倒入紅酒同時混合均勻，再倒入水。

3

將**A**料倒入步驟**2**中，以小火煮至果乾類變軟，最後加入楊桃，略煮即可。

Crème chantilly
發泡鮮奶油

材料 5人份

鮮奶油（35%） crème liquide35% MG……150g

細砂糖 sucre……15g

香草莢 gousse de vanille……1/6根份

作法

1

調理盆裡放入所有材料後打至八分發（撈起時前端呈彎鉤狀）。

〖組合・裝盤〗

材料 裝飾用

果乾（無花果、杏桃等） fruits secs……適量

楊桃 myrica rubra……適量

香草莢（以二次莢，切成細長條）gousse de vanille……適量

1 果乾切成容易入口的大小。

2 在裝盤用的器皿裡放上3顆巴巴蛋糕。其中一個底下放有少量果泥、傾斜擺放，在視覺上呈現活潑的效果。

3 楊桃隨意擺放，以湯匙挖取發泡鮮奶油後，置於兩處。

4 撒上果乾，以香草根裝飾，再淋上適量果泥。剩下的果泥可裝在小巧的容器內，一併擺盤。

夏天的水果 3

芒果

mangue

充滿熱帶水果風情，有著濃濃甜香的芒果，風味獨特且明顯。直接享用即十分美味，調理也十分容易。其中最具代表性的品種，為外皮呈紅色的愛文芒果；外皮呈金黃色的呂宋芒果。日本國產的芒果多為成熟果，可現採即食。若購買未完全成熟、質地仍硬的芒果，可置於常溫下數日，等待自然熟成再使用即可。

〔產期〕

1月 2月 3月 4月 5月 6月 7月 8月 9月 10月 11月 12月

Mangue fondante avec des fruits exotiques

糖漬芒果佐熱帶水果

我剛加入Groupe Alain Ducasse集團時，經常在廚房研究菜單，
其中有一道甜點特別令我難以忘懷，
正是我設計這道甜品的靈感來源。
將芒果切成大塊，像牛排一樣翻煎，作法大膽且不經太多修飾，
再搭配上熱帶水果及椰子，呈現出屬於南國的熱情風味。
鮮豔的配色繽紛又華麗，特殊的刀工及擺盤讓擺盤生動了起來。

Mangue fondante

糖漬芒果

材料　2人份

芒果 mangue……1個
細砂糖 sucre……40g
奶油 beurre……30g
百香果果泥 purée de fruit de la passion……150g

作法

1

芒果去皮。將果實較窄面縱向立起，避開果核中心約2cm左右的距離，將兩側的果肉厚厚地切下。圓形表面薄薄切平後，把切口處盡量削圓*。

2

平底鍋裡撒入細砂糖後，以火加熱，待顏色變成淡焦糖色後，加入一半份量的奶油及步驟**1**的芒果2片，雙面都沾上糖漿。

3

加入剩下的奶油及百香果果泥，輕輕地攪拌均勻，同時使焦糖溶化。

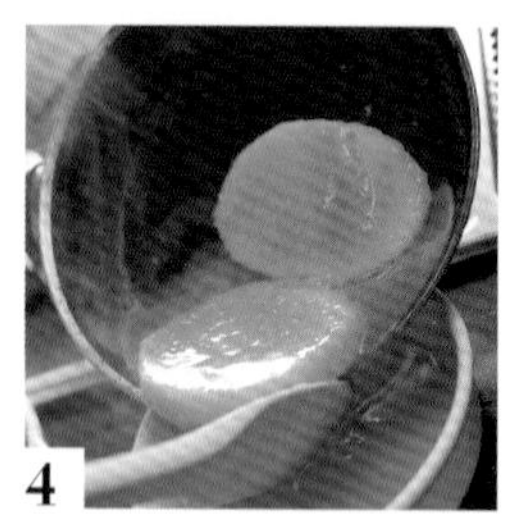

4

取一耐熱容器，倒入步驟**3**，使芒果的3/4浸泡在果泥之中。

5

蓋上鋁箔紙後，放入預熱至180℃的烤箱，烘烤10分鐘。

6

芒果翻面，為了不使表面乾燥，請撈起果泥從正面淋上，再次蓋上鋁箔紙，續烤10分鐘。

7

在芒果上方處使刀子直直落下，不使用任何力氣，刀子可立刻刺透，即表示烤好了。取出容器，靜置散熱。

* 這個時期出產的芒果體型較細，果核周圍附著的果肉，可以用於製作果醬〈P.73〉。

Crumble

奶酥

材料　容易操作的份量

奶油 beurre……30g
糖粉 sucre glace……30g
杏仁粉 poudre d'amande……30g
低筋麵粉 farine faible……30g

作法

1

將室溫下回軟的奶油放入調理盆後，以抹刀攪拌成軟霜狀，再依序加入糖粉、杏仁粉、低筋麵粉，仔細攪拌混合至粉末完全消失。

2

以刮板整成一個完整麵團後，以手剝成每塊約1cm大小，散落在鋪好烘焙紙的烤盤上，為了不讓烘烤時膨脹，先靜置15分鐘等待乾燥。

3

放入預熱至160℃的烤箱，烘烤15分鐘。取出烤盤放涼後，以雙手撥鬆。

Marmelade de mangue

芒果果醬

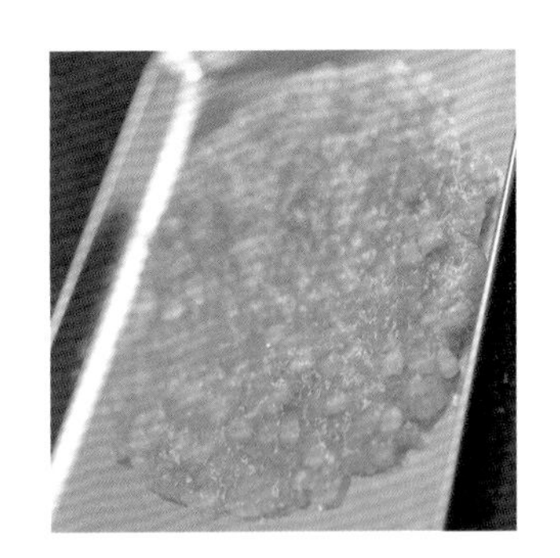

材料 6人份

芒果 mangue……200g

紅糖 cassonade……70g

萊姆汁 jus de citron……25g

作法

1
芒果切成5mm大小。

2
鍋內放入步驟1、紅糖、萊姆汁後煮滾，轉小火續煮至水分完全蒸發。

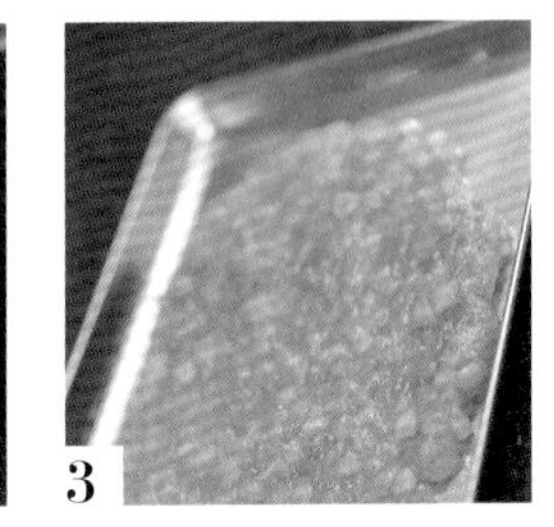

3
在淺盆裡攤開後散熱。

Sorbet au coco

椰奶冰沙

材料 15人份

A
- 椰子果泥 purée de coco……400g
- 牛奶 lait……200g
- 細砂糖 sucre……100g
- 麥芽糖 glucose……35g
- 香草莢 gousse de vanille……1根

馬里布蘭姆酒 Malibu *……30g

作法

1
鍋中放入A料，溫熱後倒入鋼盆裡，盆底接觸冰水散熱冷卻。

2
取出香草根後，加入馬里布蘭姆酒，再倒入冰淇淋機製作成冰沙。

* 由椰子及淡蘭姆酒所製成的利口酒。

Sauce caramel passion

百香果焦糖醬

材料 容易操作的份量

細砂糖 sucre……100g

水 eau……30g

百香果果泥 purée de fruit de passion……30g

作法

1
鍋裡放入細砂糖後以中火加熱。

2
變成焦糖色後，加入水及百香果果泥，攪拌混合至完全溶化。

3
煮成喜歡的硬度。

〖組合・裝盤〗

材料 裝飾用

芒果、鳳梨、奇異果、木瓜等熱帶水果 fruits exotiques……各適量
金箔 feuille d'or……適量

1 在糖漬芒果正上方擺一個直徑5cm的慕絲圈，以刀子沿慕絲圈外圍切出圓形。

2 熱帶水果去皮。取適量切成不規則的細長狀。

3 剩下的熱帶水果切成5mm塊狀，和等量的奶酥混合。

4 在裝盤用的器皿上，放置一個直徑8cm的慕絲圈，淋上芒果果醬，並於中央略偏左上處留出圓形空白*1。

5 步驟**4**留白處放上直徑5cm的慕絲圈，圈內堆上步驟**3**的奶酥約7至8mm高，完成後移開慕絲圈。果醬上隨意擺放不規則狀的水果。

6 在步驟**5**的奶酥上重疊糖漬芒果*2，再以金箔裝飾。加上一球和奶酥搭配的橢圓形冰沙，再將百香果焦糖醬裝入小容器中即完成。

＊1 由於會重疊糖漬芒果，為了不讓芒果的味道過於濃厚，果醬特意留白不塗。

＊2 糖漬芒果請在尚有餘溫時裝盤。若放置冷卻，奶油會因為凝固而浮至表面。

Verrine de mangue

芒果甜點杯

在香濃的芒果布丁上，擺放爽口的蕨餅及新鮮芒果，
雖然使用了大量的芒果，但在不同口感中享受層次的變化，
再以百香果及蘭姆酒提味，
使這道甜品呈現更豐富的樣貌。
小小一杯，品嚐之後卻有大大的滿足感呢！

Crème de mangue

芒果布丁

材料 直徑5×高10cm的玻璃杯6個

A
- 水 eau……125g
- 芒果果泥* purée de mangue……175g
- 細砂糖 sucre……65g

吉利丁片 gélatine en feuille……5g

萊姆汁 jus de citron……5g

淡蘭姆酒 rhum blanc……22g

牛奶 lait……100g

鮮奶油（45%）

crème liquid 45% MG……50g

* 使用新鮮芒果時，以手持式食物處理機將果肉攪拌成泥狀後過濾。試嚐味道後，視需求加入10%至20%的細砂糖後混合。

作法

1 吉利丁片以冰水泡軟。將材料**A**料放入鍋中，加熱至約60℃，放入擰去多餘水分的吉利丁片，混合至溶化。

2 倒入鋼盆裡，盆底接觸冰水散熱後，加入萊姆汁、淡蘭姆酒。完全冷卻後，再倒入牛奶及鮮奶油，混合均勻。

3 在玻璃杯裡分別倒入90g的步驟**2**材料，送入冰箱冷藏固定。

Boule de warabi

蕨餅

材料 直徑5×高10cm的玻璃杯6個份

水 eau……225g

蕨餅粉 poudre de warabi……60g

細砂糖 sucre……54g

青檸檬汁 jus de citron vert……18g

作法

1 鍋內放入水及蕨餅粉，仔細攪拌至粉末完全溶解。

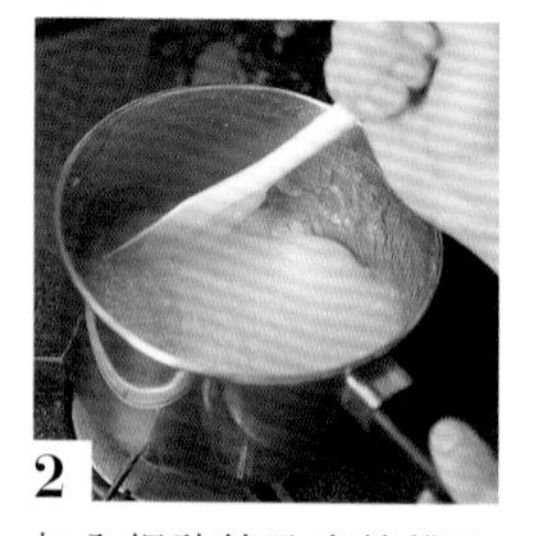

2 加入細砂糖及青檸檬汁後，一邊以中火加熱，一邊以矽膠抹刀攪拌混合。持續加熱至質地出現光澤。

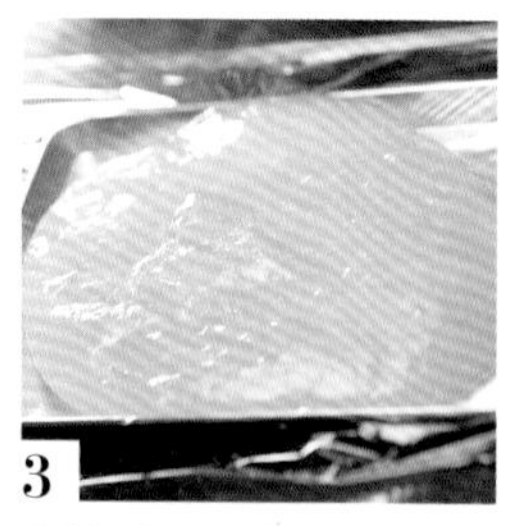

3 在淺盆內先鋪上保鮮膜後，倒入步驟**2**，以保鮮膜調整至厚度為1cm左右後，包覆起來，散熱後送入冰箱冷藏*。

* 完成後的蕨餅，時間一久容易變硬，請盡早使用完畢。

Sauce aux fruits exotiques

熱帶水果醬

材料 5人份

芒果果泥* purée de mangue……30g

百香果果泥 purée de fruit de passion……30g

糖漿（細砂糖和水以1：1的比例，煮沸溶化後冷卻製成）sirop 1:1……20g

青檸檬汁 jus de citron vert……4g

* 使用新鮮果肉製作時，請參考P.76「芒果布丁」的注釋（＊）。

作法

1

調理盆裡放入所有材料後，以手持式食物處理機攪拌混合均勻。

〖組合・裝盤〗

材料 裝飾用

芒果 mangue……適量

現磨青檸檬皮 zeste de citron vert râpé 適量

1 蕨餅及芒果各切成1cm塊狀後，在調理盆裡混合，加入適量的熱帶水果醬，最後撒上適量的現磨青檸檬皮。

2 在芒果布丁上盛裝步驟1材料，再撒上現磨些許青檸檬皮。

夏天的水果 4

紅李

prune rouge

紅李是李子的一種。販售時果皮多呈綠色之中混合著紅色，但果肉為紅色。果肉的顏色若偏淡，表示水果尚未成熟；若是深紅色，就表示已經熟透且甜度也已釋出。果皮的酸味是紅李的特色所在，所以用來製作甜品時果皮也是重要配角之一。切口容易蠻黃，切開後請立刻使用。

〔產期〕

1月 2月 3月 4月 5月 6月 7月 8月 9月 10月 11月 12月

Soupe à la prune rouge

紅李冷湯

紅李的明豔色澤使這道冷湯色香味俱全。
果肉經過焦化後變成湯品般的甜點冷湯，
散發出鮭魚般溫和紅潤的粉紅色，
味道甘甜，帶有一股極具深度的自然風味。
我在擺盤時思考著如何平衡紅李的酸味，
於是以白巧克力作為點綴，增添一抹香甜。

Feuilletage inversé
反轉酥皮

材料 20人分

A
- 奶油 beurre……225g
- 低筋麵粉 farine faible……45g
- 高筋麵粉 farine forte……45g

B
- 高筋麵粉 farine forte……110g
- 低筋麵粉 farine faible……100g
- 鹽 sel……8g
- 融化後的奶油 beurre fondu……68g
- 水 eau……85g

作法

1
在甜點攪拌器的鋼盆裡放入**A**料，以刮板混合均勻。混合成一個完整麵團後取出，調整成四角形，以保鮮膜包覆起來，靜置冰箱冷藏至少2小時。

2
B料也同樣以甜點攪拌器拌勻，調整成和**A**料相同大小的四角形，以包鮮膜包覆起來後靜置冰箱冷藏至少2小時。

3
把**A**料以擀麵棍擀成比**B**料長2倍，方向為縱向。

4
在**A**料的上方、靠近操作者一方疊上**B**料，再將**A**料的另一端從對向往回摺，蓋住**B**料的同時，左右二側及靠近操作者這側也一併貼合，將**B**料完全包覆在內。

5
把步驟4由中央向上下二個方向擀開，再分別向內摺疊（3摺）。旋轉90度，再次由中央向上下兩個方向擀開麵團，並向內摺成4摺。再重複一次3摺、一次4摺的步驟。

6
把麵團擀成5mm厚，以直徑6.5cm的慕絲圈切下，排列於鋪好烘焙紙的烤盤上。

7
放入預熱至170℃的烤箱，烘烤約40分鐘。中途麵團若膨脹，可以在上面加一張烘焙紙後，壓上烤盤作為重石。

Marmelade de prune rouge
紅李果醬

材料 容易操作的份量

- 紅李 prune rouge……120g
- 細砂糖 sucre……50g
- 香草莢 gousse de vanille……1根

A
- 細砂糖 sucre……20g
- NH果膠粉 pectine NH……2g

作法

1
紅李以刀子在外圍360度入刀一圈，扭轉果實，即可對半切開，取出果核。果肉切成5mm塊狀。

2
鍋中放入紅李、細砂糖、香草根，以抹刀攪拌混合；中火加熱至果肉變得透明。

3
混合材料**A**，倒入步驟**2**中攪拌均勻。稍微加熱後，再倒入淺盆裡散開放涼，即完成。

Soupe de prune rouge

紅李冷湯

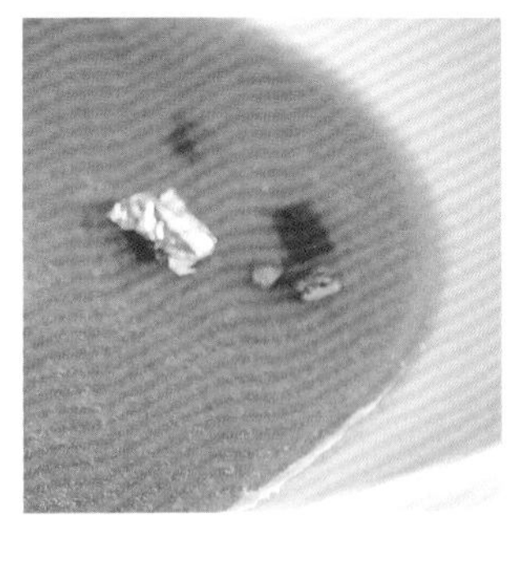

＊ ｜ 維他命C粉末。

材料 4人份

紅李 prune rouge……150g

細砂糖 sucre……50g

水 eau……20g

櫻桃蒸餾酒 kirsch……12g

維他命C* acide ascorbique……全體份量的0.3%至0.5%

作法

1

紅李以刀子在外圍360度入刀一圈，扭轉果實，即可對半切開，除出果核。果肉切成16等分的半月形。

2

平底鍋裡撒入細砂糖，開火加熱，待顏色變成淡焦糖色後，倒入紅李，攪拌均勻。在紅李即將煮爛之前加水，再加入櫻桃蒸餾酒，表面點火使酒精蒸發。

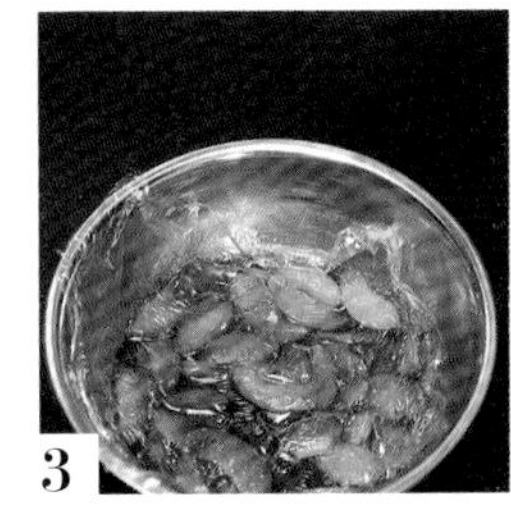

3

把步驟**2**材料倒入鋼盆裡，以保鮮膜緊貼覆蓋以隔絕空氣，在常溫下散熱。

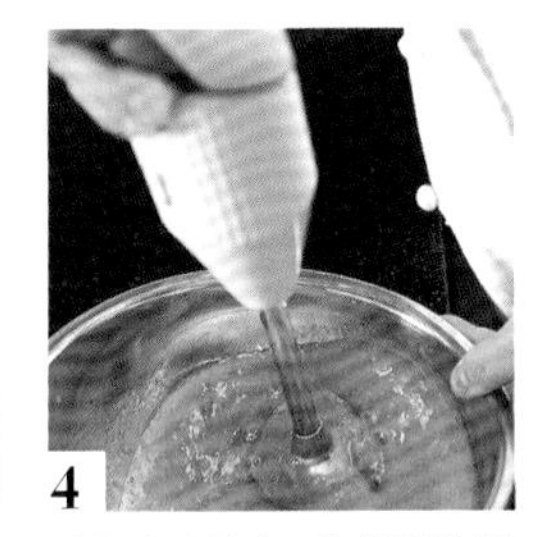

4

計算出維他命C的份量後倒入步驟**3**，再以手持式食物處理機攪拌均勻，變成濃湯狀。以濾洞稍大的濾網過濾（紅李的外皮多少可被保留下來），放入冰箱冷藏。

Crème glacée à la vanille

香草冰淇淋

材料 12至15人份

A｜牛奶 lait……240g

｜鮮奶油（38%） crème liquid 38% MG……160g

｜香草莢 gousse de vanille……1根份

蛋黃 jaunes d'œufs……120g

細砂糖 sucre……80g

作法

1

鍋裡放入**A**料，加熱直至即將沸騰之前。

2

調理盆裡放入蛋黃後打散，加入細砂糖，以打蛋器混勻。將材料**A**倒入後拌勻，再倒回鍋子內以中火加熱，攪拌的同時加熱至83℃。

3

倒至鋼盆裡，盆底接觸冰水，攪拌的同時散熱冷卻，再放入冰箱靜置一晚。

4

過濾後，倒入冰淇淋機裡製作成冰淇淋製作成冰淇淋。

〚組合・裝盤〛

材料 裝飾用

紅李 prune rouge……適量
覆盆子 framboise……適量
糖粉 sucre glace……適量
白巧克力裝飾* déco en chocolat blanc……適量
香草莢（二次莢，切成細長條狀）gousse de vanille……適量
金箔 feuille d'or……適量

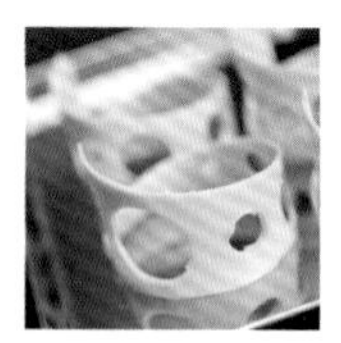

＊ 將溫熱的白巧克力底邊薄塗一層在18cm×高4.5cm的直角三角形薄膜上，再捲在直徑6.5cm的圓筒外圍。待冷卻固定後，取下薄膜及圓筒，以加熱的小型圓筒由大至小戳出孔洞即完成。

1 反轉酥皮從厚度中央平切成上下兩塊，一塊塗上果醬後，以另一塊疊上成夾心。

2 切出裝飾用的紅李。總共切成厚薄兩種不同的半月形及半月形的對半切、5mm塊狀等不同形狀的果肉。覆盆子的底部沾取糖粉。

3 在略有深度的器皿裡，先放入步驟**1**的酥皮，再蓋上白巧克力的裝飾。酥皮面華麗地裝飾上半月形紅李果肉。

4 周圍倒入紅李冷湯，湯裡撒上5mm的紅李果肉塊。

5 步驟**3**的上方放上一球橢圓形的香草冰淇淋，再以步驟**2**的覆盆子作點綴。擺上香草莢裝飾，並於冰淇淋及湯上加些金箔。

Pâte de fruit

法式軟糖×2

在此選擇了紅李&成熟梅，
將梅子類水果作成味道獨特的法式軟糖。
雖然使用HM果膠粉，
但無論是紅李或梅子，酸度都偏高，如果加熱時間不夠長，
較難以成功凝固成軟糖狀，
請使用溫度計，確實將紅李煮至108℃＆梅子109℃。

Pâte de fruit prune rouge

紅李法式軟糖

材料 15cm的正方形慕絲圈1個

紅李果泥 purée de prune rouge……240g

細砂糖 sucre……250g

麥芽糖 glucose……60g

A | HM果膠粉（硬式凝膠用） pectine HM……8g
細砂糖 sucre……30g

B | 酒石酸*1 acid tartrique……5g
水 eau……4g

砂糖（裝飾用、粗粒） sucre……適量

*1 | 酒石酸
原料若酸性較高時，可以酒石酸幫助果膠粉凝固。在藥局即可購得。

Pâte de fruit prune japonaise

梅子法式軟糖

材料 15cm的正方形慕絲圈1個

成熟梅子果泥 purée de prune japonaise……235g

細砂糖 sucre……260g

麥芽糖 glucose……80g

A | HM果膠粉（硬式凝膠用） pectine HM……9g
細砂糖 sucre……40g

B | 酒石酸*1 acid tartrique……6g
水 eau……5g

砂糖（裝飾用、粗粒） sucre……適量

作法 （同上作法）

1 製作果泥。紅李或梅子都先去除果核後，以手持式食物處理機攪拌均勻，以略粗的濾網過濾至僅剩下果皮後，測量果泥重量。

2 分別把**A**料、**B**料混合好後備用。

3 鍋子*2裡放入步驟**1**、細砂糖、麥芽糖後，以火加熱。沸騰後一邊倒入**A**料，一邊以打蛋器攪拌，紅李煮至108℃，梅子煮至109℃。

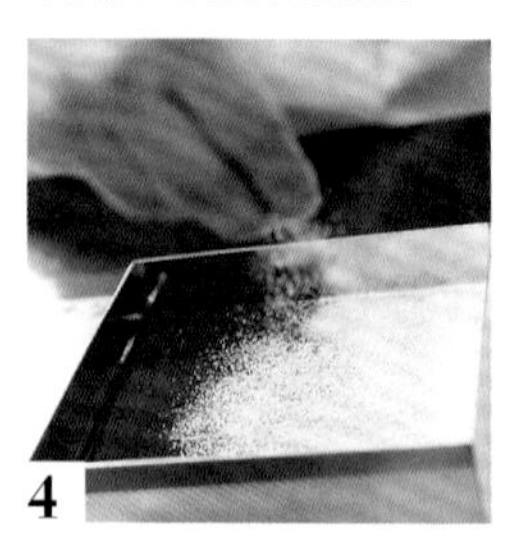

4 熄火，倒入**B**料後攪拌均勻，快速倒入慕絲圈裡。在表面乾燥前，撒上粗顆粒的砂糖。

5 凝固後切成2.8cm塊狀，切面及側面也要沾上砂糖。

*2 | 製作梅子法式軟糖時，鍋子請使用不鏽鋼或琺瑯材質。

夏天的水果 5

哈密瓜

Melon

依據果肉的顏色，哈密瓜分成綠肉、紅肉及白肉三種。使用哈密瓜製作甜點，可於常溫下放置數日，讓水果自然變熟直至種籽軟透後即可使用。只不過一但經過調理，時間一久味道也會改變，切開後請盡早使用，如果覺得味道不夠也可添加哈密瓜利口酒來補強。果肉的部分，則是內側靠近種籽的位置比外側來得更香甜。冰太久甜度容易消失，使用前的2至3小時再放進冷藏即可。

〔產期〕

1月 2月 3月 4月 5月 6月 7月 8月 9月 10月 11月 12月

Coupe de melon

哈密瓜雞尾酒

在哈密瓜的盛產期——夏天，設計了這一道清涼爽口的杯裝甜點！
新鮮的哈密瓜本身即相當甘甜，
不適合口味過於濃郁的鮮奶油，
而以清爽的優格取代，藉以平衡味覺。
為了襯托法式冰沙柔和的綠色，
在雙色果肉中，紅肉哈密瓜比例較多。

Crumble

奶酥

材料　容易操作的份量

奶油 beurre……35g

糖粉 sucre glace……35g

杏仁粉 poudre d'amande……35g

低筋麵粉 farine faible……35g

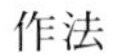

作法

1

調理盆裡放入室溫下回軟的奶油後，以抹刀攪拌成軟霜狀，再依序加入糖粉、杏仁粉、低筋麵粉，仔細攪拌混合至粉末完全消失。

2

以刮板整成一個完整麵團後，以手剝成每塊約1cm大小，散落在已鋪好烘焙紙的烤盤上，為了不讓再烘烤時膨脹，先靜置15分鐘等待乾燥。

3

放入預熱至160℃的烤箱，烘烤15分鐘。取出烤盤放涼後，以手撥鬆。

---

gelée au yaourt

優格凝凍

材料　香檳杯10個份

A
- 細砂糖 sucre……30g
- 蜂蜜 miel……15g
- 水 eau……80g

吉利丁片 gélatine en feuille……6g

優格 yaourt……250g

萊姆汁 jus de citron……15g

作法

1

吉利丁片以冰水泡軟。鍋裡放入**A**料，加熱至60℃至70℃後，加入擰去多餘水分的吉利丁片。

2

倒入鋼盆裡，盆底接觸冰水散熱冷卻，加入優格及萊姆汁。

3

散熱至即將凝固之前，倒入香檳杯內，放入冰箱冷藏固定。

Granité au melon

法式哈密瓜冰沙

材料 15人份

哈密瓜（綠肉） melon……200g

萊姆汁 jus de citron……5g

A｜哈密瓜利口酒 extrait de melon……適量
　｜細砂糖 sucre……適量

鹽 sel……少許

作法

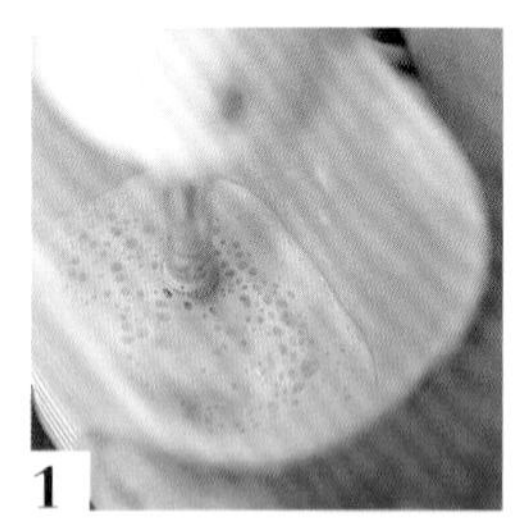

1

哈密瓜去皮去籽後放入容器內，加入萊姆汁後以手持式食物處理機攪拌均勻。

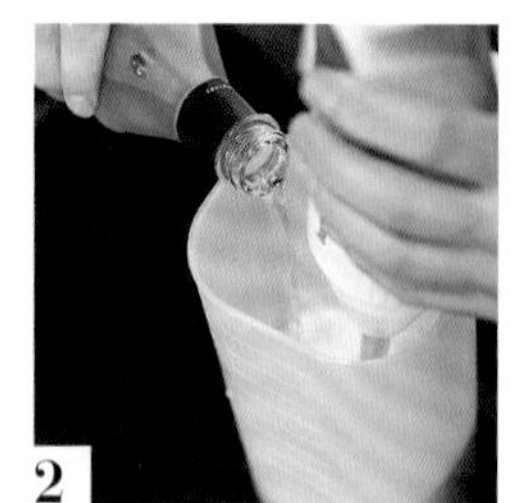

2

嚐過味道後視需要加入A料，加入鹽帶出甜味。由於冰凍後甜味較不明顯，所以這個步驟可把甜度稍微加高。

3

裝入保存容器內，再放入冷凍庫中固定，並以叉子翻攪製作成冰沙。

Décor en sucre

裝飾糖

材料 容易操作的份量

糖衣* fondant……225g

麥芽糖 glucose……150g

奶油 beurre……20g

作法

1

鍋中放入所有材料後，加熱煮至120℃。

2

在烘焙墊（Silpat）上薄塗一層後，放涼散熱，待其變硬。

3

磨碎步驟**2**成粉末狀。在烤盤上鋪好烘焙墊，撒上糖粉，直至烘焙墊完全被覆蓋，看不見底面。

4

烤箱預熱至220℃，放入步驟**3**後熄火。等待8至10分鐘，以餘熱融化糖粉。

5

完成後的糖衣請趁熱撕成碎塊。

* 甜點或麵包所使用的糖衣。把砂糖和麥芽糖煮開後，持續加熱熬煮至顏色變白即完成。

〔組合・裝盤〕

材料 裝飾用

哈密瓜（綠肉、紅肉） melo……各適量
白蘭地 brandy……適量

1 哈密瓜去皮去籽，切成1.5至2cm的果丁。

2 在裝有優格凝凍且已固定的香檳杯中，依序放入奶酥、哈密瓜。由於重疊的法式冰沙也為綠色，中間夾入一層紅肉哈密瓜，以平衡整體的色彩。

3 盛入法式冰沙，插上裝飾糖。加入白蘭地（依喜好添加）搭配出成熟風味。

Parfait au melon parfumé aux agrumes

哈密瓜百滙佐柑橘

當我任職於Benoit時，曾設計以哈密瓜&柳橙為組合的甜品。
這一道利用無限想像力，延伸出的創意食譜，令我印象深刻。
百滙裡面加入了新鮮哈密瓜果泥，
唇齒留香的香甜&彈牙口感，相當耐人尋味。
裝飾用哈密瓜以綠肉與紅肉交織而成，
並以巧妙的刀工增添了豐富的變化性。
拉絲裝飾糖好似哈密瓜的網紋般栩栩如生。

Biscuit joconde
杏仁海綿蛋糕

材料　15cm的四方形慕絲2個份

A
- 杏仁粉 poudre d'amande……98g
- 粉糖 sucre glace……98g
- 低筋麵粉 farine faible……44g

全蛋 œufs……68g
蛋黃 jaunes d'œufs……68g
蛋白 blancs d'œufs……188g
細砂糖 sucre……30g
融化奶油 beurre fondu……30g

作法

1
混合**A**的糖粉及低筋麵粉後過篩，和杏仁粉一起倒入調理盆內混合均勻。加入全蛋、蛋黃，再以電動攪拌器攪拌至顏色變淡偏白。

2
另取一調理盆打發蛋白。加入細砂糖後打發至撈起時前端呈彎鉤狀的蛋白糖霜。

3
把步驟**2**分成兩次加入步驟**1**內，同時以抹刀俐落地拌勻。最後倒入融化的奶油，混合混勻。

4
在烤盤上鋪上烘焙紙後，放上慕絲圈，將步驟**3**的麵團倒入慕絲圈裡，整平表面。放入預熱至200℃的烤箱，烘烤約10分鐘。

Parfait au melon
哈密瓜百滙

材料　15cm的四方形慕絲圈1個份

哈密瓜（紅肉） melon……200g
現磨柳橙皮 zeste d'orange râpé……1/3個份
哈密瓜利口酒 extrait de melon……適量
吉利丁片 gélatine en feuille……8g

A
- 蛋黃 jaunes d'œufs……36g
- 糖漿（細砂糖和水以1：1的比例，煮沸溶化後冷卻製成）sirop 1:1……48g
- 淡蘭姆酒 rhum blanc……20g

鮮奶油（38%） crème liquid 38% MG……80g

作法

1
哈密瓜去皮去籽後切成大塊，加入現磨柳橙皮後，以手持式食物處理機攪拌成泥狀。試一下味道，適度加入哈密瓜利口酒調味。

2
吉利丁片以冰水泡軟後擰去多餘水分，放入耐熱容器內，以微波爐或隔水加熱，使其溶化。

3
把少量步驟**1**加入步驟**2**中，混勻後再倒回步驟**1**裡，然後整體拌勻。盆底接觸冰水，散熱冷卻至即將凝固前。

4

製作沙巴雍。在鋼盆裡放入材料**A**料後混合，一邊隔水加熱，一邊打發起泡，加熱至60℃，盆內質地呈現撈起後有如緞帶般垂落狀後，離開熱水，以打蛋器攪拌同時散熱冷卻。

5

把鮮奶油打發至八分（撈起時前端呈彎鉤裝）後，倒入沙巴雍（義式甜醬）內，以打蛋器動作俐落地混合均勻。完成後倒進步驟**3**材料內，混合均勻。

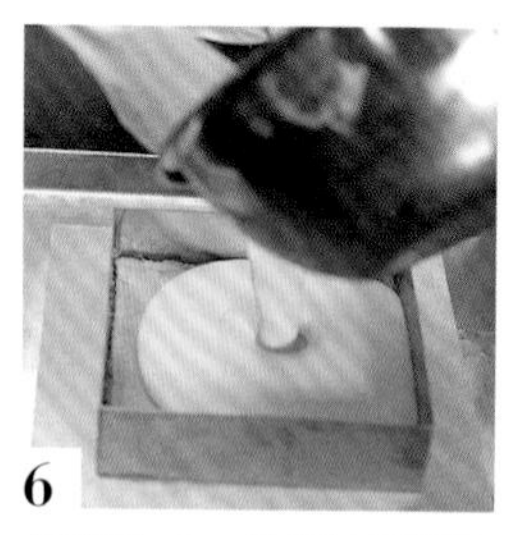

6

在邊長15cm的慕絲圈裡放入完全冷卻的杏仁海綿蛋糕後，倒上步驟**5**材料，放入冷凍庫冰鎮。

Marmelade d'agrumes

柑橘果醬

材料　容易操作的份量

柑橘（柳橙或萊姆等）的果肉 quartier d'agrumes……500g

細砂糖 sucre……180g

A
- 細砂糖 sucre……30g
- NH果膠粉 pectine NH……8g

作法

1

鍋裡放入柑橘的果肉及細砂糖後，開火一邊加熱，一邊攪拌至份量濃縮為2/3。

2

混合材料**A**料，倒入步驟**1**材料，同時攪拌均勻，再稍微煮一下。

3

倒入鋼盆或調理盆裡，散熱冷卻。

〖組合・裝盤〗

材料 裝飾用

哈密瓜（紅肉、綠肉）melon……各適量
白巧克力片（3.5×9cm的長方形） plaquette de chocolat blanc……1人1片
裝飾糖*1 déco en sucre……1人1片
現磨柑橘皮 zeste d'agrumes râpé……適量
金箔 feuille d'or……適量

1 哈蜜瓜去皮去籽，紅肉切成薄片，綠肉切成不規則細長狀。大小相同但切法不同，就能創造視覺及口感上的變化。

2 從慕絲圈裡取出哈密瓜百滙，先以刀子分切。橫向對半、縱向4等分，共切出8個長方形。

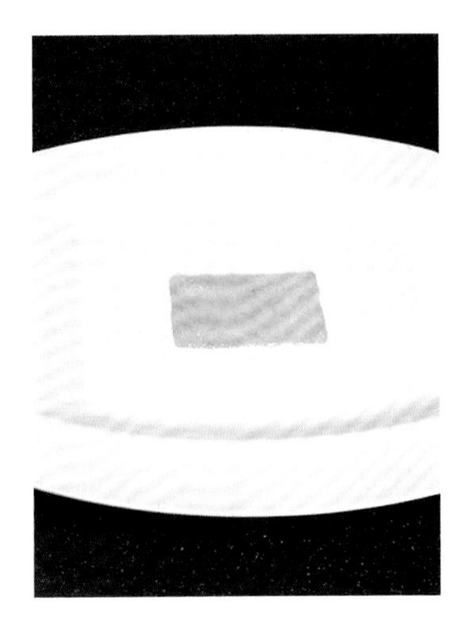

3 在裝盤用的器皿裡放上5cm×9cm的長方形薄塗用模*2，以蛋糕抹刀抹上果醬後再脫模。

4 在巧克力片的表面塗上剩下的百滙後，漂亮地裝飾上步驟**1**的哈密瓜。

5 在步驟**3**上方，重點上步驟**2**及步驟**4**，再蓋上裝飾糖。撒上現磨柑橘表皮，裝飾糖上以金箔隨意地點綴。

*1 鍋中放入等量的細砂糖及麥芽糖，加熱煮至145℃。以叉子等工具舀起糖漿，呈細網狀滴落於烘焙墊上，變硬後切成8 x 11cm。以200℃烤箱加熱後，再以較粗的擀麵棍加壓成圓弧狀。

*2 相當薄的薄塗用模。用於不容易切割形狀、質地過於柔軟的麵團或醬料，方便以抹刀薄塗。

夏天的水果 6

桃子

pêche

表皮布滿了細毛、色澤鮮紅、散發出香甜氛圍的桃子，最為美味！果肉的部分，末端處比枝幹連結端更香甜。桃子是極為細緻脆弱的水果，搬運拿取時，請務必小心。果肉容易變黃，剝皮或切取準備時，皆須盡快進行。水煮或作成冰沙等調理時，可加入少量的維他命C粉末以防止變色

〔產期〕

1月	2月	3月	4月	5月	6月	7月	8月	9月	10月	11月	12月
						━	━	━			

Pêche Melba à la verveine

馬鞭草風味之蜜桃梅爾芭

法式甜點的代表之一——蜜桃梅爾芭，
是我在法國求學時經常品嚐的美味甜品。
希望自己也能在日本作出相同的味道，
因而設計了這道甜點食譜。
以水煮蜜桃、香草冰淇淋、發泡鮮奶油等三樣主要食材，
再添加檸檬馬鞭草及香醇的玫瑰紅，帶出成熟的韻味。
作法簡單，且能完全品嚐到桃子的美味，
是一道相當奢華的甜品。

Biscuit cuillère

手指餅乾

材料 12人份

蛋白 blancs d'œufs……50g
細砂糖 sucre……30g
蛋黃 jaunes d'œufs……28g

A | 低筋麵粉 farine faible……20g
　| 玉米粉 fécule de maïs……15g

作法

1
取一個調理盆，在蛋白裡加入1/2量的細砂糖，以電動攪拌器打發起泡後，再加入剩下的細砂糖，攪拌至完全打發。

2
在步驟**1**裡加入打散的蛋黃後混勻，再加入過篩後的材料**A**，並以切拌的方式拌勻。

3
烤盤內鋪上烘焙紙。將步驟**2**裝入附有8mm圓形花嘴的擠花袋內，由內而外擠出直徑4.5cm的螺旋狀圓形。

4
放入預熱至170℃的烤箱，烘烤15至20分鐘，取出烤盤後直接放涼備用。

Pêche pochée

水煮蜜桃

材料 4人份

A | 水 eau……250g
　| 細砂糖 sucre……90g
　| 紅醋栗 groseille……60g
　| 檸檬馬鞭草（乾燥） verveine séchée……7g
　| 維他命C* acide ascorbique……6g

桃子 pêche……2個

作法

1
製作糖漿。鍋裡放入**A**料後煮至沸騰，以矽膠抹刀輕輕壓碎，逼出紅醋栗的顏色。熄火後加蓋，燜10分鐘。

2
把步驟**1**過濾至調理盆裡，留在濾網裡的紅醋栗及檸檬馬鞭草，以抹刀下壓擠出水分。調理盆底接觸冰水，散熱冷卻。

3
桃子去皮，360度入刀一圈後，扭轉桃子，即可對半切開。果核處以刀子挖除即可。

4
真空袋裡裝入桃子及冷卻後的糖漿，以真空機抽除袋內的空氣。

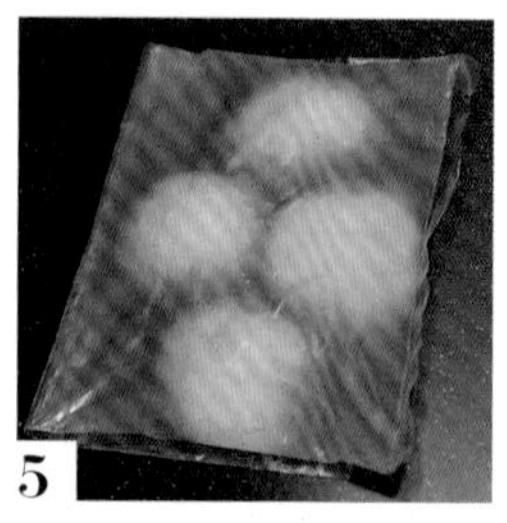

5
放入90℃的蒸氣烤箱，加熱3至5分鐘。溫度不用太高，以保留爽脆的口感。袋子放入冰水冷卻，靜置冰箱冷藏一天。

＊ | 維他命C粉末

Gelée au vin rosé
玫瑰紅凝凍

材料 8人份

A
- 水煮蜜桃用糖漿（參考P.96）jus de pochage……240g
- 細砂糖 sucre……48g

吉利丁片 gélatine en feuille……8g
玫瑰紅 vin rosé……240g

作法

1
吉利丁片以冰水泡軟。鍋中放入材料**A**後加熱，加入擰去水分的吉利丁片後，使其融化。

2
倒入鋼盆裡，盆底接觸冰水散熱冷卻。待散熱至室溫後，倒入玫瑰紅，混合均勻，放入冰箱冷藏固定製作冰淇淋。

Crème glacée à la verveine
檸檬馬鞭草冰淇淋

材料 30人份

A
- 牛奶 lait……300g
- 鮮奶油（38%） crème liquid 38%MG……50g
- 檸檬馬鞭草（乾燥） verveine séchée……5g

蛋黃 jaunes d'œufs……60g
細砂糖 sucre……75g

作法

1
鍋中放入**A**料，加熱直至即將沸騰的程度。

2
調理盆中放入蛋黃及細砂糖，以打蛋器混合均勻。倒入**A**後拌勻，再倒回鍋裡以中火加熱，一邊攪拌一邊加熱至83℃。

3
倒入鋼盆裡，盆底接觸冰水，同時攪拌散熱冷卻。

4
過濾後，倒入冰淇淋機內製作冰淇淋。

Compoté de pêche
桃子果泥

材料 8人份

桃子 pêche……440g

A
- 細砂糖 sucre……30g
- 香草莢（二次莢） gousse de vanille usée……2根
- 維他命C粉末 acide ascorbique……1g

奶油 beurre……16g

作法

1
桃子剝去外皮，360度入刀一圈，扭轉果肉即可對切分開。挖去果核後，切成5mm塊狀。

2
鍋裡放入步驟**1**及**A**料，一邊攪拌，一邊煮至桃子果肉熟透。

3
待桃子果肉變成半透明狀後熄火，加入奶油拌勻，使整體乳化。底部接觸冰水散熱冷卻。

Crème chantilly

發泡鮮奶油

材料　容易操作的份量

鮮奶油（35%）crème liquid 35% MG……200g

細砂糖 sucre……16g

香草莢 gousse de vanille……1/6根份

作法

1

調理盆裡放入所有材料，打至八分發（撈起時前端有如彎鉤狀）。

〚 組合・裝盤 〛

材料　裝飾用

香草莢（二次莢，切成細長條狀）gousse de vanille……適量

紅醋栗 groseille……適量

1　在直徑10cm的馬丁尼杯裡，放入桃子果泥，再放入手指餅乾，盛上一小球冰淇淋。

2　水煮蜜桃內側向下，圓背向上，將冰淇淋完整覆蓋隱藏起來。

3　將玫瑰紅凝凍搗碎，均勻散布於桃子的周圍。

4　擠花袋裝上星星形狀的花嘴，在水煮蜜桃的頂端擠上發泡鮮奶油。

5　以香草莢點綴，隨意放上幾顆紅醋栗。

Brioche perdue à la pêche

蜜桃法式吐司

我之前法國的餐廳工作時，經常製作的甜點中，
最常使用的就是布里歐麵包所變化而成的法式吐司。
可享受到布里歐麵包入口即化的口感，並能襯托調味副食材的濃郁香氣。
製作焦糖醬或冰沙用的桃子，請帶皮使用。
桃子的果皮與果肉之間夾帶獨特的果酸及苦澀，可增添風味。

Brioche perdue
法式吐司

1. 布里歐麵包　*Brioche*

材料　長7×寬18×高6cm的磅蛋糕模2個份

バター beurre 200g

A
- 低筋麵粉 farine faibel……150g
- 高筋麵粉 farine forte……100g
- 全蛋 œufs……180g
- 鹽 sel……5g
- 細砂糖 sucre……30g
- 生酵母 levure boulanger……10g

手粉（高筋麵粉）farine forte……適量
油 huile……適量

作法

1
奶油切成2cm塊狀後，放入冰箱冷藏。

2
將材料**A**放入甜點攪拌器的鋼盆中，裝上攪拌鉤後，以低速進行混合。攪拌過程中，以刮板刮落沾黏於攪拌鉤上的麵團，並持續攪拌約10分鐘，直至麵團出筋。

3
奶油以雙手捏碎後，慢慢加入步驟2中，一併混合攪拌均勻。全部混合完成後，倒入淺盆內，覆蓋上保鮮膜後，放入冰箱冷藏約1小時。

4
將手粉撒於工作檯上，以刮板將麵團切成8等分，並揉整成圓形，每塊麵團約80g。

5
在磅蛋糕模內噴上油後，將步驟**4**的麵團放入模內，每個模放入4塊麵團。以手由上往下輕壓，確保麵團之間沒有縫隙。

6
覆蓋上保鮮保後，置於溫度約28℃至30℃的溫暖處，約1小時。等待麵團發酵至膨脹兩倍大。

7
放入預熱至160℃的烤箱，烘烤40分鐘。出爐脫模後散熱放涼，再覆蓋上保鮮膜，放入冰箱冷藏一晚。

8
從冰箱取出布里歐麵包，分切成2.5cm塊狀，稍微烤過即可。

＊ 鹽和酵母直接接觸會導致麵團無法順利膨脹，請把鹽加在其他粉類之中。

---

2. 沾醬　*Appareil*

材料　布里歐麵包1條份

牛奶 lait……180g
鮮奶油（38%） crème liquid 38% MG……30g
全蛋 œufs……55g
蛋黃 jaunes d'oufs……30g
細砂糖 sucre……60g
香草莢 gousse de vanille……1/4根

作法

1
鋼盆裡放入所有材料後，以打蛋器混合拌勻，過濾備用。

3.裝飾

材料　容易操作的份量

奶油 beurre……適量

1
將沾醬倒入淺盆中，放入布里歐麵包，各面來回轉動使麵包均勻吸入沾醬直至浸漬入麵包中心。

2
將奶油放入平底鍋中加熱至融化，再放入步驟1，煎至表面上色。

Sorbet aux pêches

桃子冰沙

材料　10人份

A
- 水 eau……80g
- 細砂糖 sucre……60g
- 麥芽糖 glucose……18g
- 覆盆子 framboise……30g
- 維他命C acide ascorbique……6g

桃子 pêche……420g
蜜桃利口酒 crème de pêche……20g

作法

1
鍋中放入**A**料後，加熱至沸騰，再倒入鋼盆裡，盆底接觸冰水，以散熱冷卻。

2
桃子連皮切成半月形。

3
把步驟1、步驟2材料及蜜桃利口酒混合，以手持式食物處理機攪拌均勻。

4
過篩至調理盆內，再倒入冰淇淋機製作成冰沙。

Mousse au mascarpone

馬斯卡彭慕絲

材料　10人份

蛋白 blancs d'œufs……30g

A
- 水 eau……10g
- 細砂糖 sucre……30g

吉利丁片 gélatine en feuille……3g

B
- 馬斯卡彭起司 mascarpone……200g
- 鮮奶油（35%）crème liquid 35% MG……100g

作法

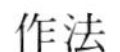

1
製作義大利蛋白糖霜。調理盆裡放入蛋白後，以電動攪拌器打發起泡。鍋裡放入材料**A**後，加熱濃縮煮至118℃後，沿著調理盆的邊緣一點一點倒入蛋白糖霜裡，混合均勻。待糖霜打發至質地變硬後，以冷藏或冷凍的方式冷卻。

2
吉利丁片以冰水泡軟，擰去多餘水分，放入耐熱容器內，以微波爐或隔水加熱的方式融化。另取一調理盆放入**B**後混合打發後，再和溶化後的吉利丁混合。

3
把步驟2加入義大利蛋白糖霜裡，快速且確實地攪拌均勻，再放入冰箱冷藏冷卻固定。

Pêche caramélisée

焦糖蜜桃

材料 6人份

桃子 pêche……2個
細砂糖 sucre……30g
奶油 beurre……10g
白蘭地 brandy……5g

作法

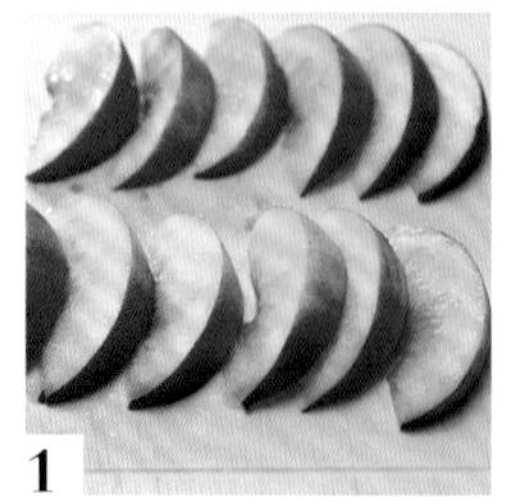

1
桃子帶皮，360度入刀轉一圈，扭轉果實即可對半切開。取出果核，把果肉切成8至10等分的半月形。

2
平底鍋內撒上細砂糖後開火加熱，待變成焦糖色後加入奶油，使奶油融化。

3
再加入桃子，在果皮尚未脫落前，盡快使焦糖包覆上果肉，再倒入白蘭地，點火使酒精蒸發。

〚 組合・裝盤 〛

材料 裝飾用

覆盆子 framboise……適量
紅醋栗 groseille……適量
糖粉 sucre glace……適量

1 在裝盤用的器皿裡放上法式吐司*及焦糖蜜桃。擺盤時請注意平衡感，避免上方的冰沙滑落。

2 在兩處擠上馬斯卡彭慕絲，隨意放上覆盆子及紅醋栗。平底鍋裡剩下的焦糖醬用來沿著盤子周圍畫一圈。

3 放上一球橢圓形的桃子冰沙，撒上糖粉。

* 如果法式吐司已經冷卻，請先以烤箱稍微溫熱後再裝盤。

無花果切去蒂頭時，若能看見白色的汁液，即是新鮮的證明。底部如果有裂痕表示已經完全成熟；如果整個裂開則表示過熟。在日本極為少見的「黑無花果」雖然體型嬌小，卻皮軟香甜，相當適合製作甜點，如果能順利購買，請務必嘗試用來烘焙點心。由於無花果含有蛋白質分解酵素，使用新鮮無花果製作點心時，吉利丁便無法凝固，請先加熱過後再使用。

〔產期〕

1月	2月	3月	4月	5月	6月	7月	8月	9月	10月	11月	12月
							━	━	━		

夏天的水果 7

無花果

figue

Beignet aux figues

無花果甜甜圈

甜甜圈在法國為外帶用的甜點，所以一般使用水分較少的水果製作（例如：蘋果或香蕉），以利於保存。因為自製的甜品可新鮮即食，使用了富含水分的無花果來製作。中間毋須炸得過透，只要表面的油炸麵衣上色即可。
爽口的新鮮無花果，搭配香濃的英式香草醬及冰淇淋，香甜口感恰到好處！

Beignet aux figues
無花果甜甜圈

材料　8人份

A
- 低筋麵粉 farine faible……48g
- 鹽 sel……1g
- 乾酵母 levure sechée……1g
- 啤酒 bierre……12g
- 花生油 huile d'arachide……15g
- 全蛋 œufs……15g
- 香草精 extrait de vanille……少許
- 水 eau……30g

B
- 蛋白 blancs d'œufs……20g
- 細砂糖 sucre……8g

無花果 figue……4個

炸油 huile……適量

作法

1
製作甜甜圈外衣。將材料**A**料的低筋麵粉過篩後，和鹽、乾酵母一起放入調理盆裡輕輕混勻，再加入**A**料的其餘材料，以打蛋器輕柔攪拌混合至略為出筋即可。

2
以保鮮膜覆蓋，靜置常溫約1小時，等待發酵。

3
另取一調理盆放入**B**料後，輕柔打發至撈起後前端呈彎鉤狀。將打發完成的蛋白糖霜倒入步驟2內，以抹刀混合均勻，即完成了甜甜圈的外衣麵團。

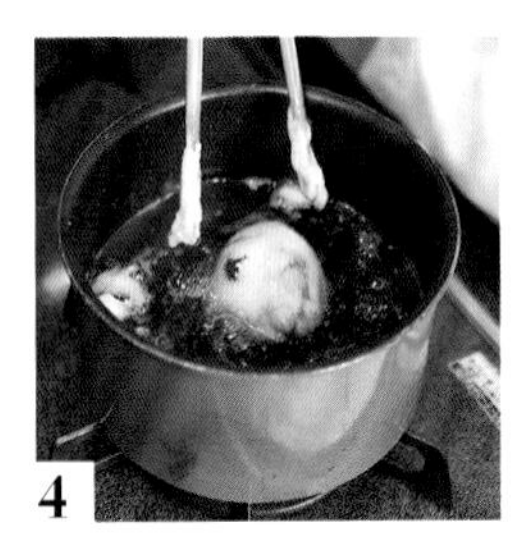

4
請於裝盤前進行油炸。無花果對半切開後，放入麵團裡，再放入溫度約為180℃至190℃的油鍋裡。以筷子翻動，炸至外衣膨脹，即可撈起瀝去油分。

Crumble aux épices
香料奶酥

材料　容易操作的份量

- 奶油 beurre……20g
- 糖粉 sucre glace……20g
- 杏仁粉 poudre d'amande……20g
- 低筋麵粉 farine faible……10g
- 裸麥麵粉 farine de seigle……10g
- 肉桂粉 poudre de cannelle……0.2g
- 四香粉* quatre épices……0.2g

＊ 使用混合了黑胡椒、肉豆蔻、丁香、肉桂等四種香草的綜合香料，有時可以生薑替代肉桂。

作法

1
調理盆裡放入在室溫下回軟的奶油，以抹刀攪拌使奶油變成乳霜狀，再依序加入所有的材料，仔細攪拌均勻至粉末完全消失。

2
以刮板將麵團整合成一塊後，包覆保鮮膜，放入冰箱冷藏固定。

3
以較粗的網子削下步驟2，撒在鋪好烘焙紙的烤盤上。靜置15分鐘，等待乾燥。

4
放入預熱至160℃的烤箱，烘烤約15分鐘。取出烤盤放涼，再以手撥鬆。

Anglaise aux fruits secs
果乾英式香草醬

材料　容易操作的份量

A｜牛奶 lait……200g
｜鮮奶油（40%）
｜crème liquid 40% MG……60g
｜香草莢 gousse de vanille……1/8根份
蛋黃 jaunes d'œufs……50g
肉桂粉 poudre de cannelle……1g
杏桃果乾 abricot sec……15g
半乾的無花果 figue demi-sechée……40g

作法

1
鍋中放入材料**A**，加熱至即將沸騰之前。

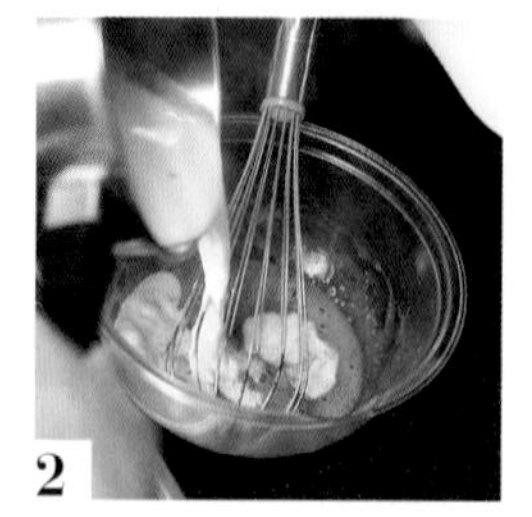

2
調理盆裡放入蛋黃及肉桂粉後混合均勻，倒入半量的材料**A**後拌勻，再將調理盆裡的材料倒回鍋內，攪拌均勻同時加熱至83℃。

3
在步驟**3**裡加入杏桃果乾、半乾的無花果，以手持式食物處理攪碎。

4
步驟**3**過篩進鋼盆裡，盆底接觸冰水散熱冷卻，放入冰箱冷藏保存。

Crème glacée aux épices
香料冰淇淋

材料　10人份

A｜牛奶 lait……250g
｜鮮奶油（38%） crème liquid 38% MG……65g
B｜蛋黃 jaunes d'œufs……70g
｜細砂糖 sucre……35g
｜蜂蜜 miel……15g
｜肉桂粉 poudre de cannelle……2g
｜四香粉 quatre épice……3g
雙重奶油* crème double……60g

＊｜鮮奶油經過乳酸發酵後的成品。乳脂成分高，風味濃郁。

作法

1
鍋中放入**A**料，加熱至即將沸騰前。

2
調理盆裡放入**B**料後以打蛋器攪拌均勻，倒入**A**料的一半份量後混合均勻。再把調理盆裡的材料倒回鍋裡，整體拌勻同時加熱至83℃。

3
把步驟**2**倒入鋼盆裡，盆底接觸冰水散熱。不燙手後倒入crème double，以手持式食物處理機拌勻，進行二次散熱冷卻。完成後再倒入冰淇淋機製作成冰淇淋裡製成冰淇淋。

〖組合・裝盤〗

材料 裝飾用

無花果 figue……1人份為1/2個
柳橙 orange……適量
糖粉 sucre glace……適量

1 無花果切成8等分後，以刀子平平地薄切掉果皮，再把每一等分薄切成3片半月形。取出柳橙果肉後，對半切開。

2 將直徑8cm的慕絲圈放入裝盤用器皿中，步驟1的無花果以放射狀排列整齊。中央堆疊柳橙果肉。

3 炸好的無花果甜甜圈對半切開，放在步驟2上方，再移除慕絲圈。

4 盤子的四周隨意淋上圓形的英式香草醬，任選三處擺放奶酥，再撒上糖粉。

5 選一個玻璃容器，底部同樣放入奶酥後，再放入一球橢圓形的冰淇淋。

Cannoli aux figues

無花果起司捲

將無花果和義大利西西里島的名產Canoli結合，
創造出前所未有的新點子！
中間的瑞可塔起起司包覆了無花果果醬。
在裝盤的前一刻，將起司內餡填入剛剛炸好的Cannoli，
酥脆的外皮，搭配濃郁的起司內餡，恰到好處的鹹味，別具一番魅力！
在此以和無花果更為搭配的紅酒取代瑪薩拉酒（Marsala）製作沾醬。

Pâte à cannoli

起司捲麵團

材料 5人份

奶油 beurre……20g

A 低筋麵粉……75g
可可粉 poudre de cacao……2g
鹽 sel……0.5g
細砂糖 sucre……2g

蛋白 blancs d'œufs……15g

白蘭地 brandy……5g

炸油 huile……適量

作法

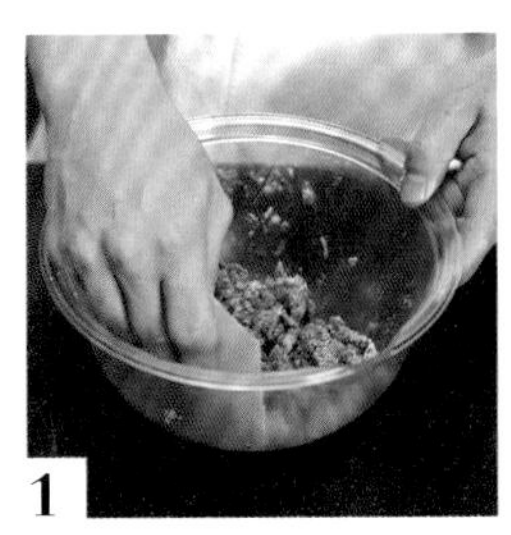

1 奶油切成小塊後放入調理盆內，置於室溫下軟化。加入過篩後的**A**料，以刮板大致混合後，再加入蛋白及白蘭地，以雙手揉麵團。

2 麵團整合成大塊後，壓成扁平的四角形，包覆保鮮膜後，置於常溫下30分鐘。

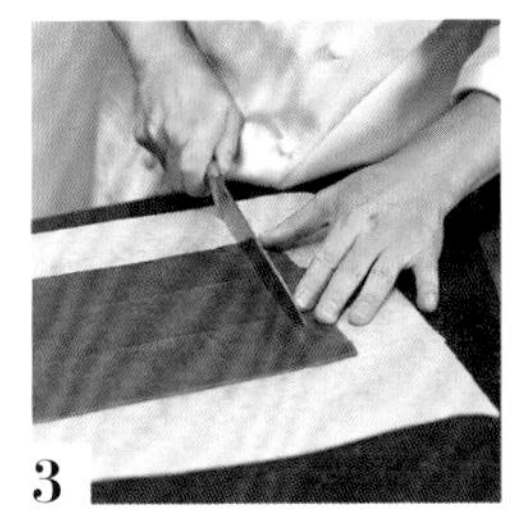

3 以2張烘焙紙夾住麵團後，再以擀麵棍擀成2mm厚，並切成邊長6cm的的四角形。

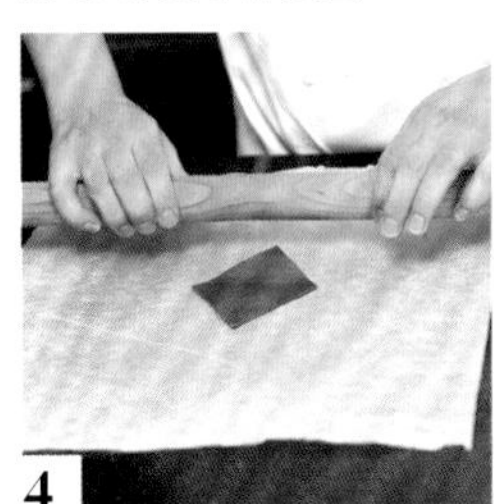

4 將步驟**3**斜擺成菱形，以擀麵棍擀壓上下對角。

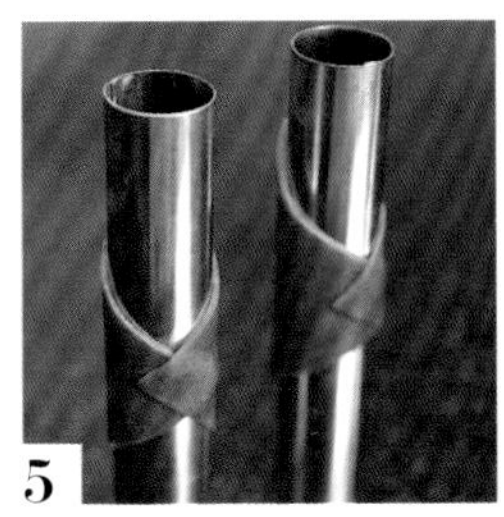

5 把麵團捲在直徑2.5cm×長13.5cm的號角麵包專用的圓筒上，以擀麵棍壓過的部分重疊後，沾取蛋白（份量外）黏合。

6 炸油加熱至180℃後，放入步驟**5**的圓筒。過程中圓筒會自然脫落後即可取出。油炸至聲音變小後即可，離鍋後將油瀝乾。

Crème ricotta aux figues

無花果瑞可塔起司醬

材料 5人份

A
- 無花果 figue……70g
- 細砂糖 sucre……15g
- 萊姆汁 jus de citron……5g
- 香草莢（二次莢） gousse de vanille……1根

瑞可塔起司 ricotta……125g

B
- 半乾的無花果 figue semi-sechée……15g
- 蔓越莓乾 airelle sechée……8g
- 黑巧克力 chocolat noir……8g

鮮奶油（35%） crème liquid 35% MG……50g

作法

1 以材料**A**製作果醬。無花果去皮後切成1cm塊狀，和其他的材料一起放入鍋內以火加熱，同時混合均勻。

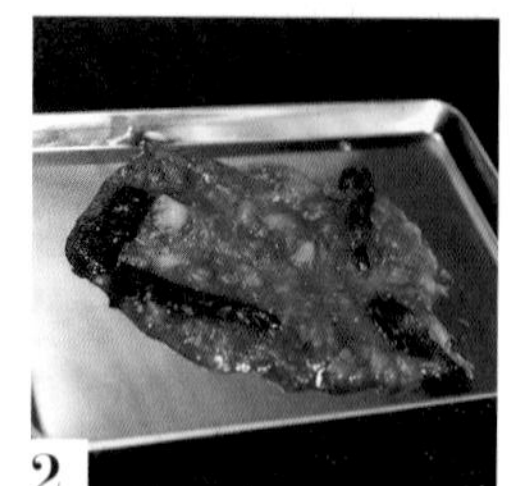

2 待水分蒸發、鍋內發出聲響後，即可倒入淺盆內，散開冷卻。

3 在鋼盆裡放入瑞可塔起司、取出香草莢的步驟2，以抹刀快速混合均勻，再倒入切碎的**B**料。

4 另取一鋼盆放入鮮奶油，打發至跟步驟3差不多軟硬後，倒入步驟3裡大致混勻。

Sorbet aux figues

無花果冰沙

材料 6人份

無花果 figue……150g

半乾的無花果 figue demi-sechée……45g

A
- 紅酒 vin rouge……80g
- 覆盆子泥 purée de framboise……16g
- 現磨柳橙皮 zest d'orange râpé……1/2個份
- 水 eau……50g

細砂糖 sucre……40g

蜂蜜 miel……14g

作法

1 無花果去皮後大致切塊。半乾的無花果則對半切開，混合材料**A**後備用。

2 鍋中撒入細砂糖後，以火加熱，煮至變成焦糖色後加入**A**料，再加入無花果及半乾的無花果，稍微煮一下。

3 以手持式食物處理機攪拌步驟2，再加入蜂蜜後，混合均勻。

4 倒入鋼盆裡，盆底接觸冰水，使其散熱冷卻，再倒入冰淇淋機製作成冰沙。

Sauce au vin rouge

紅酒醬

材料 容易操作的份量

細砂糖 sucre……20g

A
- 紅酒 vin rouge……50g
- 柳橙汁（100%）jus d'orange……12g

作法

1
平底鍋裡撒上細砂糖後，開火加熱。

2
變成焦糖色後，倒入A，整體混均勻後，續煮至質地變得濃稠。

〖組合・裝盤〗

材料 裝飾用

無花果 figue……適量
覆盆子 framboise……適量
糖粉 sucre glace……適量

1 無花果切成6等分後，去皮。

2 在起司捲的外衣內擠入瑞可塔起司醬。在裝盤用的器皿裡也擠上少許的瑞可塔起司醬，作止滑用。再將起司捲疊放於上。

3 在器皿空白處，以紅酒醬畫出線條或圓點。並將多餘的起司捲弄碎後，作為固定冰沙之用。

4 步驟1的無花果及覆盆子裝飾進盤子裡，撒上糖粉。碎的起司捲上方，加一球橢圓形的冰沙。

夏天的水果 8

西瓜

pastèque

西瓜甜味最佳狀態為15℃左右，為了不讓西瓜因過於冰鎮而失去了甜度，整顆西瓜冰鎮時間為2小時半前；1/4顆的西瓜則為1小時半前，是最為理想的時間。西瓜最甜的部位是中心處，愈靠近外皮甜度愈低。像西瓜這類葫蘆科的水果，一經加熱，味道就會變得像其他瓜類一樣。如何克服味道的轉變，是西瓜料理最艱難的課題。

〔產期〕

1月	2月	3月	4月	5月	6月	7月	8月	9月	10月	11月	12月
					━	━	━				

Pastèque caramélisée accompagné de sorbet balsamique / fraise

焦糖西瓜佐
義大利香醋冰沙&草莓

西瓜一經加熱便會失去甜味，製作時須選擇能襯托新鮮原味的搭配食材，
並利用草莓、柳橙及義大利香醋進行調味。
厚切的西瓜片不加熱，快速地沾裹焦糖醬，以保留甜度及風味。
以凝凍及冰沙增加享用西瓜時口感上的變化，
製成這一道清爽無負擔的甜品。

Pastèque caramélisée

焦糖西瓜

材料 6人份

西瓜（切成8等分的半月形後，再切成厚2.5cm的塊狀） pastèque……6塊

細砂糖 sucre……30g

作法

1 西瓜去皮，切成6cm至7cm大的三角形，以牙籤剔去西瓜籽。

2 平底鍋撒入糖粉，開火加熱。煮至變成淡焦糖色後放入西瓜，快速翻動使兩面沾覆焦糖。

3 取出西瓜，置於鋪有烘焙紙的淺盆裡，放入冰箱冷藏。

Gelée de pastèque

西瓜凝凍

材料 4至5人份

西瓜 pastèque……200g

柳橙汁（100%） jus d'orange……20g

細砂糖 sucre……適宜

吉利丁片 gélatine en feuille……全體份量的2.5%

作法

1 西瓜去皮去籽後加入橙柳汁，以手持式食物處理機攪拌成果泥狀。嚐一下味道，添加細砂糖調味甜度。

2 以步驟**1**的總重量計算出所需的吉利丁的份量後，以冰水泡軟，擰去多餘水分後放入耐熱容器裡，以隔水加熱或微波爐加熱融化。

3 在融化的吉利丁裡，慢慢倒入步驟**1**，混合均勻。

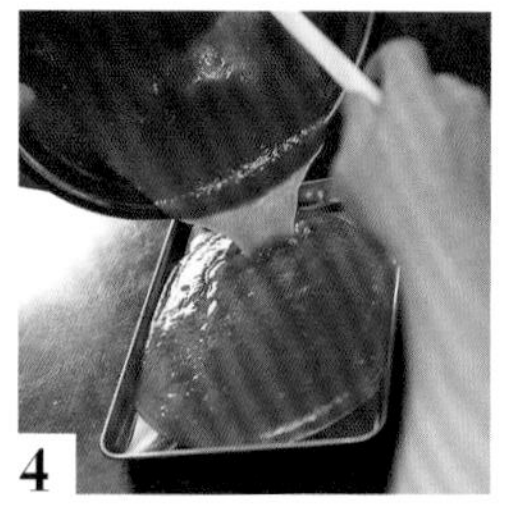

4 鋼盆底部接觸冰水，直至果泥冷卻，且質地變濃稠後，倒入淺盆裡，送入冰箱冷藏固定。

Sorbet balsamique / fraise

義大利香醋＆草莓冰沙

材料　6人份

草莓 fraise……60g

細砂糖 sucre……60g

義大利香醋 vinaigre de balsamique……20g

水 eau……180g

麥芽糖 glucose……25g

作法

1

草莓去蒂頭。平底鍋裡撒入細砂糖後，開火加熱，煮至變成焦糖色後，放入草莓及義大利香醋，均勻沾覆焦糖。

2

倒入水及麥芽糖後混合，使焦糖溶解，再稍微煮一下。

3

離開火源，以手持式食物處理機攪拌一下。倒入鋼盆裡，盆底接觸冰水散熱冷卻後，再倒入冰淇淋機裡製作成冰沙。

Mariné de fruits

糖漬水果

材料　4至5人份

西瓜（切成4等分的半月形後，再切成2cm厚的塊狀）pastèque……1塊

草莓 fraises……6個

柳橙 orange……1個

紅糖 cassonade……15g

薄荷葉（大） feuille de menthe……5片

作法

1

西瓜去皮去籽後，切成2cm的塊狀。草莓去蒂後切成4等分。柳橙取出果肉後，切成跟草莓相同大小，果汁也要保留。薄荷葉切細碎。

2

調理盆裡放入步驟1材料裡全部的材料，再撒上紅糖，以湯匙混合至紅糖完全溶解。

〖組合・裝盤〗

材料 裝飾用

薄荷葉 feuille de menthe……適量

1 凝凍切成1cm塊狀，鋪於裝盤用的器皿裡。上面擺放焦糖西瓜。

2 步驟**1**上盛放糖漬水果。

3 再加上一球橢圓形的冰沙，最後以薄荷葉裝飾。

柿子

巨峰葡萄

和梨

和栗

堅果類

chapitre 3

〔秋天的水果〕

automne

結實纍纍的秋天，正是巨峰葡萄、柿子、和梨、和栗等日本水果又大又多的季節。
同時也是堅果類豐收的好時節，
無論花生或榛果，收穫都相當豐碩呢！

秋天的水果 1

柿子

kaki

柿子在室溫下兩天左右就會變軟，若繼續放置，可慢慢地完全成熟。除了一般常見的硬柿之外，完全成熟變軟的軟柿可直接作成果泥，運用於各式各樣的甜點。若想延緩柿子熟成的速度，可以面紙沾濕後包住蒂頭，上下顛倒放入冰箱冷藏即可。挑選柿子時，請選蒂頭為綠色、表面緊繃有張力的果實。

〔產期〕

1月	2月	3月	4月	5月	6月	7月	8月	9月	10月	11月	12月
									■	■	

Île flottante au kaki

柿子漂浮島

想設計出融合日本食材、擁有傳統和風滋味的甜點，
因此選定了柿子和蕨餅，製成這一道名為漂浮島Île flottante的法式甜點。
搭配上英式香草醬及紅茶冰沙，就像是奶茶的香濃滋味。
在此的蛋白脆餅為微波爐即可完成的簡易版，
加熱時請時時注意，當瞬間膨脹時，即表示完成。

Poché de kaki

水煮柿子

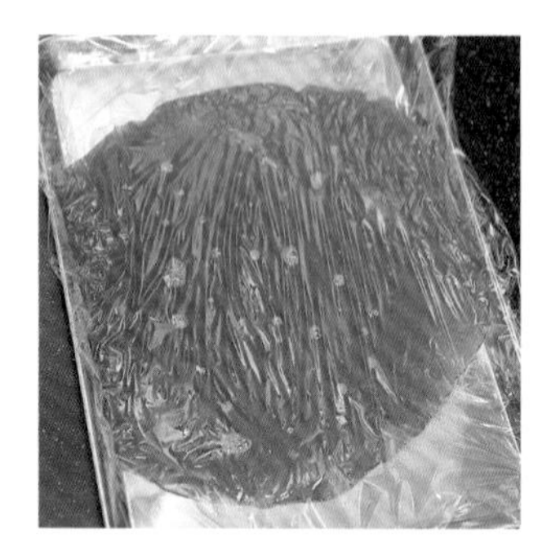

材料 5人份

柿子 kaki……1個

A
- 細砂糖 sucre……20g
- 水 eau……50g
- 萊姆汁 jus de citron……8g

作法

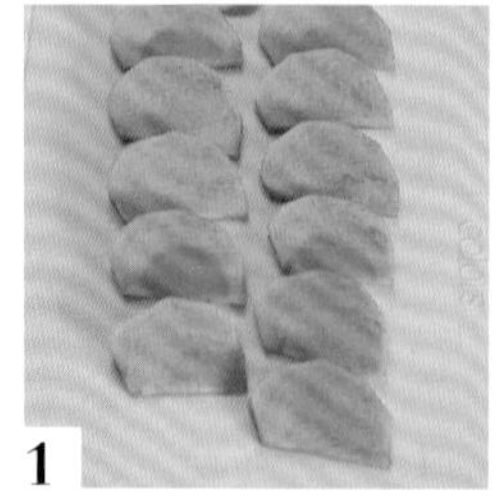

1 柿子去皮後切成16等分的半月形，去除果核。

2 鍋裡放入**A**料，加熱至80℃左右後熄火，加入柿子後，加蓋緊貼柿子。過段時間後取下蓋子，置於常溫下散熱冷卻後，送入冰箱冷藏保存。

＊ 也可使用真空調理。裝入專用真空袋中，以真空包裝機抽除空氣後，放入60℃的蒸氣烤箱加熱10分鐘。

Boule de warabi

柿子蕨餅

材料 5至6人份

熟柿（無籽）kaki mûr……75g

細砂糖 sucre……15g

水 eau……16g

A
- 蕨餅粉 poudre de warabi……20g
- 水 eau……20g

作法

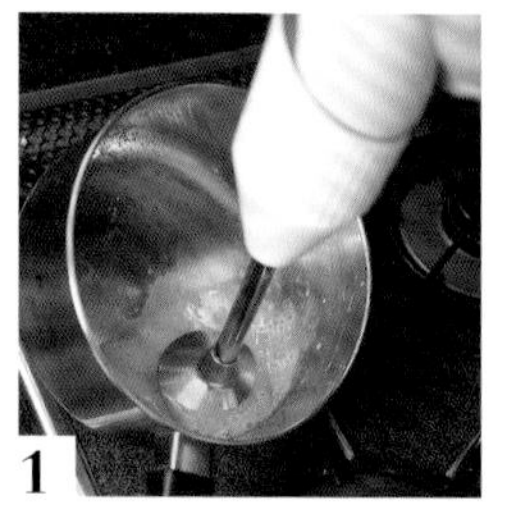

1 垂直剝去熟柿的皮後，放入鍋裡，以手持式食物處理機打成果泥。加熱煮至濃縮後，散熱至不燙手，再加入細砂糖及水，仔細混合均勻。

2 調理盆裡放入**A**料後仔細混勻，倒入步驟1裡，攪拌均勻。再次點火，以矽膠抹刀不停攪拌然後持續加熱約1至2分鐘，直至質地變成透明。

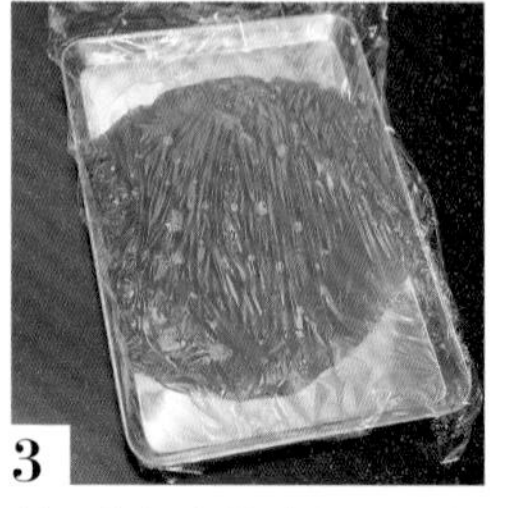

3 倒入烤盤中放涼後，切成邊長1.5cm的塊狀。

Sorbet au thé

紅茶冰沙

材料　8人份

水 eau……250g
阿薩姆紅茶的茶葉 thé assam……5g
細砂糖 sucre……30g
麥芽糖 glucose……20g

作法

1
鍋裡放入所有材料後煮沸後，熄火加蓋，靜置15分鐘。

2
過篩進鋼盆裡，盆底接觸冰水散熱冷卻後，再倒入冰淇淋機裡製作成冰沙。

Sauce anglaise

英式香草醬

材料　6至7人份

A
- 牛奶 lait……160g
- 鮮奶油（47%）crème liquide 47% MG……30g
- 香草莢 gousse de vanille……1/8根份

蛋黃 jaunes d'œufs……30g
細砂糖 sucre……28g

作法

1
鍋中放入**A**料，加熱直至即將沸騰之前。

2
調理盆裡放入蛋黃後打散，再加入細砂糖，以打蛋器混合攪拌均勻。倒入材料**A**，混勻，再全部倒回鍋內，整體攪拌均勻同時以中火加熱至83℃。

3
過篩進鋼盆裡，盆底接觸冰水散熱冷卻。

Meringues
蛋白霜餅

材料 6至7個份

蛋白 blancs d'œufs……40g
鹽 sel……0.4g
細砂糖 sucre……20g
白蘭地 brandy……4g

作法

1 調理盆裡放入蛋白及鹽，以電動攪拌器輕柔地打發起泡。慢慢倒入一半份量的細砂糖，混合均勻，打至八分發（撈起時前端呈彎鉤狀）。倒入白蘭地後再次打發，直至糖霜質地變得緊實。

2 在輕薄的砧板上鋪上烘焙紙，取大湯匙舀取步驟2，間隔整齊地排放於烘焙紙上。

3 在微波爐裡放一小碗水*，步驟2整個砧板放進微波爐裡，以1000W加熱10秒。把前後位置對調，看情況一次加熱數秒，待蛋白糖霜瞬間膨脹後，即可取出。

4 直接置涼散熱後，再放進冰箱冷卻。

* | 替代蒸氣的效果。

〖組合・裝盤〗

材料 裝飾用

杏仁薄片（烘烤過）amandes effilées……適量
焦糖漿* caramel……適量

* | 在鍋裡放入適量的水及細砂糖，混合加熱煮至淺茶色的濃縮糖漿。

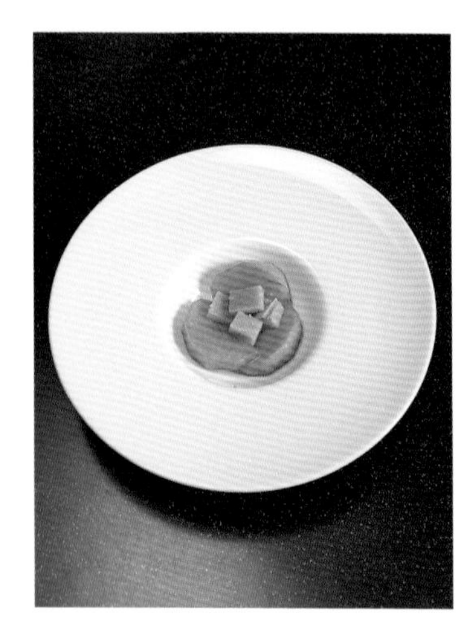

1 取一個搭配用的玻璃杯裝入40g的英式香草醬備用。在裝盤用的器皿裡（須具有深度），裝入水煮柿子3塊，沿著器皿邊緣擺放。中央堆上3至4個柿子蕨餅。

2 在蕨餅上方，疊上一小球橢圓形的紅茶冰沙。撒上4至5片杏仁片，再加上蛋白霜餅。

3 以叉子將焦糖漿細細地淋上，再以杏介片裝飾。搭配步驟1的英式香草醬完美呈現。

Rôti de kaki et Sorbet napolitaine

烤柿子佐拿波里冰沙

烤柿子，是我閱讀了某一本描寫了關於柿子烘烤過程的時代小說而得到的靈感。
烤的時間愈久，果實就愈柔軟，所以可以按喜好調整烘烤狀態。
為了讓柿子溫潤的口感徹底發揮，毋須過度調味，
搭配可以完美襯托柿子的萊姆慕絲，
再放上加了鹽的冰沙，將柿子的甜美襯托得更加鮮明。

Sauce au kaki
柿子醬

材料　10人份

熟柿 kaki mûr……120g
柿子（偏硬）kaki dur……60g
香草莢 gousse de vanille……1/6根
萊姆汁 jus de citron……5g
細砂糖 sucre……10g
白蘭地 brandy……8g

作法

1
熟柿及硬柿去蒂去皮，熟柿打成果泥，硬柿切成5mm小塊狀。

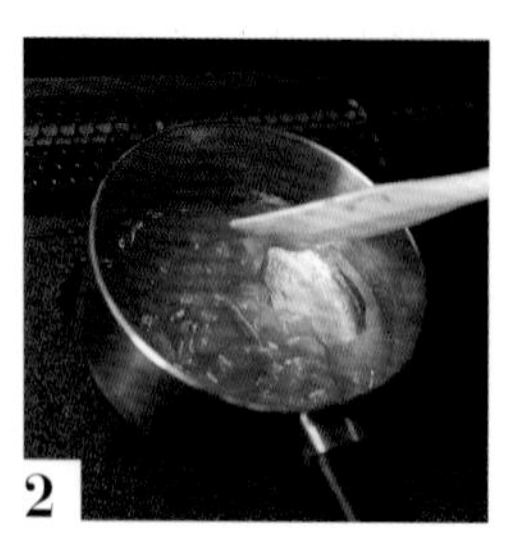

2
鍋裡放入所有材料後點火加熱，一邊攪拌，一邊煮至顏色略為變深後，熄火散熱，之後放入冰箱冷藏。

Nougatine
焦糖杏仁片

材料　便於操作的份量

A
- 奶油 beurre……15g
- 細砂糖 sucre……15g
- 麥芽糖 glucose……15g
- 鮮奶油（38%） crème liquide 38% MG……8g

杏仁（略顆粒） amandes hachées……50g

作法

1
鍋裡放入**A**料後煮開，加入杏仁，攪拌均勻。

2
倒入烤盤裡，以預熱至170℃的烤箱烤10至15分鐘。

3
切成3cm大的三角形，趁熱以手彎曲成弧形。

Sorbet napolitaine au kaki et vanille
柿子香草口味拿坡里冰沙

材料　便於操作的份量

A
- 牛奶 lait……200g
- 麥芽糖 glucose……70g
- 鹽之花* fleur de sel……1.5g
- 香草莢 gousse de vanille……1/4根份

煉乳（含糖） lait concentré……50g

鮮奶油（38%） crème liquide 38% MG……50g

柿子醬（參考P124） sauce de kaki……適量

* 從優質的鹽田所採收的大顆日曬鹽。法文之意即為「鹽之花」。

作法

1
鍋裡放入**A**料後加熱至沸騰，倒入鋼盆裡，盆底接觸冰水散熱冷卻。加入煉乳、鮮奶油後，再倒入冰淇淋機製作成冰沙。

2
完成後的冰沙和柿子醬重互重疊約3至4次，作出層次感，再放入冷凍庫保存。

Mousse au citron vert
青檸檬慕絲

材料　便於操作的份量

青檸檬果汁 jus de citron vert……120g

細砂糖 sucre……20g

吉利丁片 gélatine en feuilles……3g

A
- 蛋白 blancs d'œufs……30g
- 水 eau……10g
- 細砂糖 sucre……20g

鮮奶油（38%）
crème liquide 38% MG……75g

現磨青檸檬皮
zeste de citron vert ràpé……1/4個份

作法

1
吉利丁片以冰水泡軟。鍋裡放入半量青檸檬汁、細砂糖，加熱至50℃左右，再加入擰去水分的吉利丁片，使其溶化。

2
倒入鋼盆裡，盆底接觸冰水散熱冷卻。在吉利丁凝固前，倒入剩下的青檸檬汁。

3
以材料**A**製作義式蛋白糖霜。鋼盆裡放入蛋白後打發起泡。鍋裡放入水及細砂糖，煮至118℃濃縮後，從鋼盆邊緣慢慢倒入蛋白中，並同時混合均勻。打出緊實的氣泡後，放入冰箱冷藏。

4
鮮奶油打至六分發（撈起時滴落下來的痕跡很快消失），將義式蛋白糖霜分2次加入鮮奶油裡，並以打蛋器快速俐落且不破壞過多氣泡地攪拌均勻。

5
把步驟**4**材料慢慢加入步驟**2**裡混勻。加入現磨青檸檬皮。倒入淺盆內，送入冰箱冷藏冷卻固定。

Rôti de kaki

烤柿子

材料　4人份

柿子（偏硬） kaki dur……1個

作法

1
整顆柿子蒂頭向下放在烤盤上，放入預熱至180℃的烤箱，烘烤20至25分鐘。

2
觸摸柿子，若像熟柿一樣柔軟（或外皮裂開）即可取出，利用餘溫把柿子烤透。

〖組合・裝盤〗

材料　裝飾用

柿子（偏硬）kaki dur……適量

現磨青檸檬皮 zeste de citron vert râpé……適量

糖粉 sucre glace……適量

1　擠花袋裝上1.1cm的圓形花嘴後，裝入青檸檬慕絲，放入冰箱冷藏。將慕絲直接擠在盤子中，須防止盤子及手的熱度破壞慕絲的硬度。

2　在裝盤用的器皿裡，將焦糖杏仁片敲碎後聚成一小撮，作為固定冰沙用。直線擠出青檸檬慕絲約10cm長。

3　在青檸檬慕絲上方，以焦糖杏仁糖片及切成小塊的柿子裝飾。再撒上現磨青檸檬皮。

4　烤柿子去蒂後切成12等分的半月形，去皮去籽。在慕絲的前方並排5片，淋上溫熱的柿子醬。

5　把一球橢圓形的拿坡里冰沙放在步驟2的焦糖杏仁片上，再撒上糖粉。

秋天的水果 2

巨峰葡萄

raisin noir

葡萄當成水果時一般大多是去皮吃，當作烹調食材時則特意連皮使用，使果皮的酸味及澀味為甜點增添風味。視覺上也更帶有巨峰葡萄美麗的色澤。表皮覆蓋有名為Bloom的白色果粉，枝幹為綠色且沒有葡萄脫落，是葡萄最為新鮮的狀態。接受陽光照射的頂端及每顆葡萄間有著適當空隙，都是高甜度葡萄的象徵。

〔產期〕

1月 2月 3月 4月 5月 6月 7月 8月 9月 10月 11月 12月

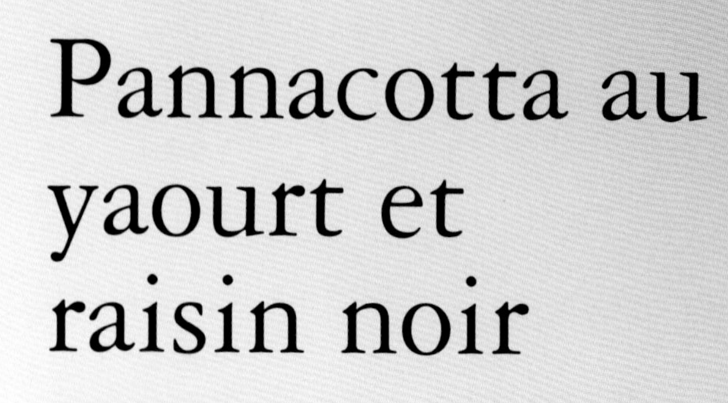

Pannacotta au yaourt et raisin noir

優格義式奶凍佐巨峰葡萄

從新鮮水果至果醬、冰沙、糖漬……
活用巨峰葡萄百變豐富樣貌，非常適合用來組合甜點。
優格就是與巨峰口味相當契合的第一選擇，
製作成葡萄風味的義式奶凍，
酸酸甜甜的好滋味令人著迷！
第二道是由紅酒醋所獲得靈感而誕生的糖漬巨峰。清爽的酸味，就像西餐中轉換口味用的過場小菜般，
令人心喜又驚豔。
果醬或冰沙則加入了少許的柳橙，以增添風味。

Pannacotta au yaourt

優格義式奶凍

材料　高12cm的雞尾酒杯4個

A｜鮮奶油（38%） crème liquide 38% MG……100g
　｜紅糖 cassonade……40g

吉利丁片 gélatine en feuilles……5g

優格 yaourt……210g

作法

1

吉利丁片以冰水泡軟。鍋裡放入材料**A**，加熱至40℃至50℃*，待紅糖融化後，再加入擰去水分的吉利丁。

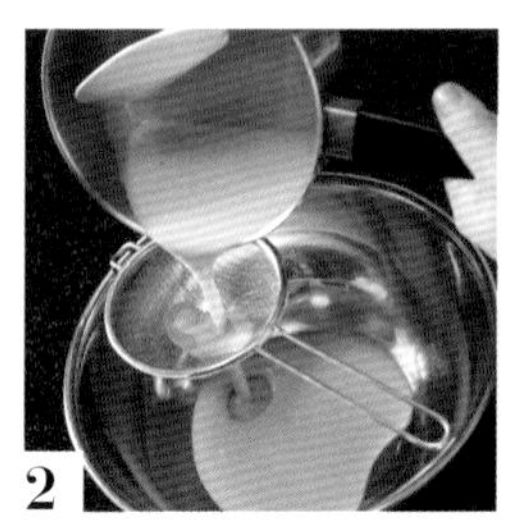

2

過篩進鋼盆裡，盆底接觸冰水，散熱冷卻至常溫。此時請注意，別讓材料溫度過低而導致凝固。

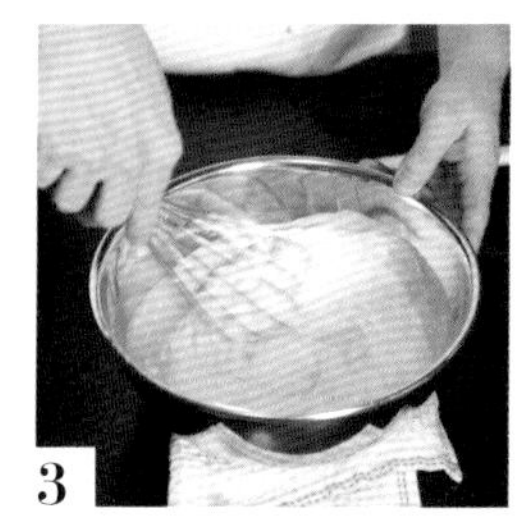

3

加入優格，盆底持續冷卻，同時混合攪拌均勻。質地開始變濃稠後，倒入12cm高的雞尾酒杯裡各80g，放入冰箱冷藏固定。

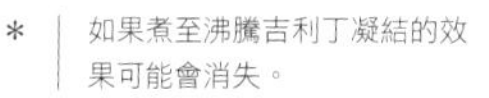

* 如果煮至沸騰吉利丁凝結的效果可能會消失。

Mariné de raisin noir

醃漬巨峰葡萄

材料　4至5人份

無籽巨峰葡萄 raisin noir……10個

A｜糖漿（細砂糖和水的比例為1：2，煮沸溶化後冷卻的成品） sirop……45g
　｜白酒醋 vinaigre de vin blanc……22g
　｜冷壓初榨橄欖油 huile d'olive vierge extra……15g
　｜黑胡椒（粗顆粒） poivre noir mignonnette……0.5g

作法

1

葡萄帶皮對半切開。混合材料**A**，備用。

2

在真空袋裡，裝入巨峰葡萄及**A**料，以真空包裝機抽去袋內空氣。以60℃的蒸氣烤箱加熱約6分鐘*。

3

步驟2材料整袋放涼後，靜置冰箱一晚。

* 亦可使用微波加熱。在耐熱容器裡放入巨峰葡萄及A，以保鮮膜緊合材料（去除空氣）的方式加蓋，放入微波爐，加熱至呈半透明狀後，放涼冷卻。

Comfiture de raisin noir
巨峰葡萄果醬

材料 便於操作的份量

巨峰葡萄 raisin noir……180g
細砂糖 sucre…… 90g
現磨柳橙皮 zeste d'orange râpé……1/8個份
萊姆汁 jus de citron……15g
黑胡椒（粗顆粒） poivre noir mignonnette……0.1g

作法

1
巨峰葡萄帶皮對半切開，去籽，切成5mm塊狀。

2
鍋裡放入所有材料後點火加熱，一邊混合的同時煮至濃縮。待濃稠程度差適宜後，接觸冰水冷卻散熱。

Sorbet au raisin noir
巨峰葡萄冰沙

材料 8至10杯份

巨峰葡萄 raisin noir……240g
細砂糖 sucre……30g
現磨柳橙皮 zeste d'orange râpé……1/2個
葡萄汁 jus de raisin……100g
萊姆汁 jus de citron……12g
柳橙汁 jus d'orange……8g

作法

1
巨峰葡萄帶皮對半切開，去籽，加入細砂糖後以電動攪拌機打勻。

2
把步驟**1**和其他材料混合，再倒入冰淇淋機裡製作成冰沙。

Meringues
蛋白霜餅

材料 便於操作的份量

蛋白 blancs d'œufs……30g
細砂糖 sucre……30g
糖粉 sucre glace……30g
油 huile……適量

作法

1
調理盆裡放入蛋白後輕柔地打發起泡。細砂糖分成2至3次加入糖霜裡，同時混合均勻，打發至實地緊實，撈起時前端呈尖針狀。蛋白糖霜表面呈霧面即可。

2
加入過篩的糖粉，以抹刀快速俐落地混合均勻。加了糖粉後質地變細，也會比較鬆軟。

3
烘焙紙放上2mm至3mm厚的4cm大的菱形紙模，以蛋糕抹刀將步驟**2**填入在紙模型後，移除紙模型外框。在直徑2.5cm×長13.5cm的號角麵包專用圓筒上，噴霧上油後，將紙模型捲在圓筒上，再以橡皮筋或細鐵絲固定。

4
放入烤箱，以100℃乾烤2小時左右。卸下圓筒，放涼冷卻。

〚組合・裝盤〛

材料 裝飾用

巨峰葡萄 raisin noir……適量
奶酥 crumble……適量
金箔 feuille d'or……適量

1 將糖漬巨峰葡萄裝入搭配的小容器中。

2 裝有冷卻義式奶凍的雞尾酒杯上，薄塗一層巨峰葡萄果醬，再將對半切開去籽後的葡萄以放射狀排列其上。

3 在裝盤用的器皿中鋪好止滑用的奶酥，擺上一球橢圓形的巨峰葡萄冰沙。步驟**2**上放上蛋白霜餅，最後以金箔作裝飾。

Crumble aux raisins noirs et crème glacée à la cannelle

巨峰葡萄奶酥佐肉桂冰淇淋

這一道甜點的靈感來自以紅酒醃漬柳橙及肉桂的飲料——Sangrìa。
以Sangrìa浸泡葡萄，再加上杏仁奶油餅（frangipan），
剩餘醬汁可用來香煎巨峰葡萄或裝飾用，用途廣泛，也能讓整體口味統一。
其他搭配材料都偏甜，在此的巨峰葡萄的果醬便省去放糖的步驟。

Crumble

奶酥

材料　6人份

奶油 beurre……35g

糖粉 sucre glace……35g

杏仁粉 poudre d'amande……35g

低筋麵粉 farine faible……35g

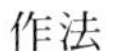

作法

1

調理盆裡放入室溫下軟化的奶油後，以抹刀攪拌成軟霜狀，再依序加入糖粉、杏仁粉、低筋麵粉，仔細攪拌混合至粉末完全消失。

2

以刮刀整成一個完整麵團後，以手剝成每塊約1cm大小，散布在已鋪好烘焙紙的烤盤上，為了不讓烘烤時膨脹，先靜置15分鐘等待乾燥。

3

放入預熱至160℃的烤箱，烘烤15分鐘。取出烤盤後直接放涼後，以雙手撥鬆。

Mariné aux raisins noirs secs

醃漬葡萄乾

材料　6人份

葡萄乾 raisins noirs secs……40g

肉桂棒 baton de cannelle……1根

柳橙（帶皮） orange……1/8顆

紅酒 vin rouge……100g

作法

1

所有材料放入調理盆裡混合，以保鮮膜加蓋，置於常溫下放置一天。

2

將酒漬液倒出備用，取出肉桂棒及柳橙。

＊倒出的醃漬液可用於香煎巨峰葡萄〈P.136〉。

Crème d'amande

杏仁醬

材料　6人份

奶油 beurre……40g
細砂糖 sucre……30g
全蛋 œufs……40g
杏仁粉 poudre d'amande……40g

作法

1
調理盆裡放入室溫下軟化的奶油，以抹刀攪拌成乳霜狀。

2
依序加入細砂糖、全蛋、杏仁粉，以打蛋器仔細攪拌均勻。

Crème pâtissière

卡士達醬

材料　便於操作的份量

A | 牛奶 lait……125g
香草莢 gousse de vanilla……1/8根

蛋黃 jaunes d'œufs……20g
細砂糖 sucre……20g
低筋麵粉 farine faible……4g
玉米粉 fécule de maïs……4g

作法

1
鍋裡放入**A**料，加熱直至即將沸騰前。

2
調理盆裡放入蛋黃及細砂糖，攪拌混合至顏色變淡偏白，再加入低筋麵粉及玉米粉，混合均勻。

3
步驟**2**裡加入步驟**1**後拌勻，過篩後再倒回鍋中。以中火加熱，持續以抹刀不停攪拌混合，直至質地出現光澤。

4
倒入淺盆裡，加上保鮮膜覆蓋，底部接觸冰水散熱。

Frangipane aux raisins noirs secs

葡萄乾杏仁奶油餅

材料　6人份

杏仁醬（參考上述） crème d'amande……150g
卡士達醬（參考上述） crème pâtissière……80g
酒漬葡萄乾（參考P.133） mariné aux raisins noirs secs……全量

作法

1
將杏仁醬、打散的卡士達醬放入調理盆，以打蛋器仔細拌勻。再加入酒漬葡萄乾，混合均勻。

2
烤盤放上15cm的正方形慕絲圈，內側鋪好烘焙紙，倒入步驟1後，整平表面。

3
放入預熱至170℃的烤箱，烘烤20至25分鐘。取下慕絲圈，放涼。

Marmelade de raisin noir

巨峰葡萄果醬

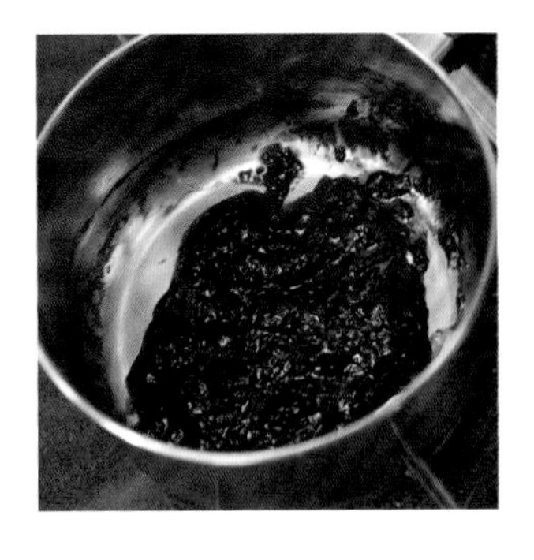

材料　6人份

巨峰葡萄 raisin noir……180g

萊姆汁 jus de citron……18g

香草莢（二次莢*） gousse de vanille……1/8根

＊ 已經使用過一次的香草莢，乾燥後再次利用。主要用以增添香氣。

作法

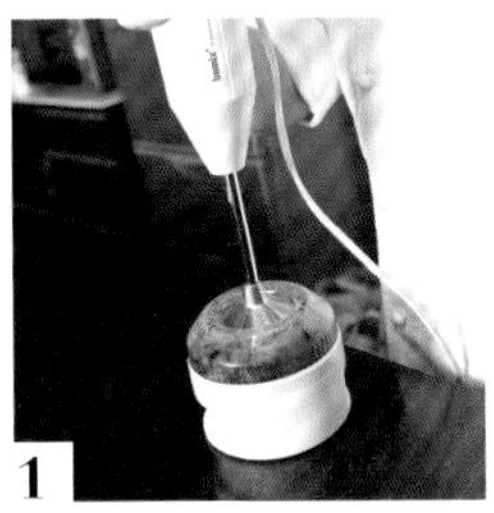

1

巨峰葡萄帶皮對半切開，去籽，以食物處理機攪拌5至6秒（以刀切成細碎塊亦可）。

2

鍋中放入步驟**1**、萊姆汁、香草莢，以火加熱同時攪拌至水分蒸散。

Crème glacée à la cannelle

肉桂冰淇淋

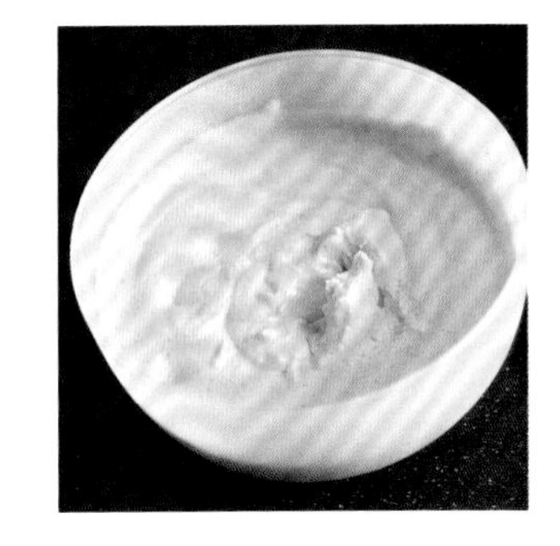

材料　12至15人份

A
- 牛奶lait……250g
- 鮮奶油（38%）crème liquide 38% MG……75g
- 肉桂粉 poudre de cannelle……1g

蛋黃 jaunes d'œufs……50g

細砂糖 sucre……30g

作法

1

鍋裡放入**A**料，加熱到即將沸騰前。

2

調理盆裡放入蛋黃後打散，加入細砂糖後以打蛋器混合拌勻。加入步驟**1**的一半份量後混合，再倒回鍋內，全體攪拌均勻的同時加熱至83℃。

3

過篩進鋼盆裡，盆底接觸冰水，一邊攪拌，一邊散熱冷卻。

4

倒入冰淇淋機製作成冰淇淋。

Raisin noir poêlé

香煎巨峰葡萄

材料　6人份

巨峰葡萄 raisin noir……18粒

酒漬葡萄乾的液體〈參考P.133〉 jus de marine……適量

細砂糖 sucre……10g

作法

1

巨峰葡萄帶皮對半切開，去籽。

2

平底鍋裡放入酒漬液及細砂糖後點火加熱，沸騰後放入巨峰葡萄*，加熱至葡萄的邊緣稍稍隆起。須留意過度加熱導致果皮會脫落。

*｜可依喜好加入現磨柳橙皮。

Pâte à cigarette

法式薄餅

材料　便於操作的份量

奶油 beurre……30g

糖粉 sucre glace……30g

蛋白 blancs d'œufs……20g

低筋麵粉 farine faible……30g

作法

1

調理盆裡放入在室溫下軟化的奶油，以抹刀攪拌使奶油變成乳霜狀。之後依序加入糖粉、蛋白、低筋麵粉，仔細攪拌均勻直至粉末完全消失。

2

在裝有3mm圓形花圓的擠花袋裡，放入步驟**1**，在鋪有烘焙紙的烤盤上擠出20cm長的直線。

3

放入預熱至170℃的烤箱烤約15分鐘。出爐後趁熱以9cm的慕絲圈整成弧形後，放涼冷卻。

〚 組合・裝盤 〛

材料 裝飾用

金箔 feuille d'or……適量

1 將葡萄果醬塗抹於杏仁奶油餅上，切去四個邊後，再切成6等分的長方形後，撒上奶酥。

2 烤盤鋪上烘焙紙後，放上步驟**1**，再放入預熱至170℃的烤箱，溫熱3至4分鐘。

3 步驟**2**上放上5顆香煎巨峰葡萄。

4 剩餘的香煎葡萄的醬汁煮成喜歡的濃度，並於裝盤用的器皿上畫出線條。

5 在器皿的空白處放上止滑用的碎奶酥。

6 在步驟**4**的醬汁上擺放步驟**3**，加上法式薄餅裝飾後，撒上金箔。經肉桂冰淇淋置於止滑用碎奶酥上即完成。

秋天的水果 3

和梨

poire japonaise

和梨依品種的不同，除了在口味上的甜度、酸度有所差異之外，連外型也大異其趣。我會挑選兩種不同品種的和梨，各買幾顆，都試過味道後，才決定要使用哪種梨子，便可製作出理想的甜點或調味品。一般而言，和梨的甜度是底部強過頂部連枝處，果皮附近強過果核中心處。口味上則是和柑橘類的水果調性較為合拍。

〔產期〕

1月	2月	3月	4月	5月	6月	7月	8月	9月	10月	11月	12月
								━	━		

Fine tarte aux poires japonaises parfumées à la citronnelle

檸檬草香和梨派

希望發揮和梨最單純的原味魅力，而設計了和梨派。
但和焦糖結合，梨子纖細的味道可能會盡失，因此在水煮和梨時加入了檸檬草糖漿，增添香氣。
檸檬草冰沙也同樣是增添香氣的配角之一，
為了讓和梨派的美味不受時間影響而失色，調味上口味偏濃了一些。

Pâte sucrée
塔皮

材料 8人份

含鹽奶油 beurre demi-sel……38g
細砂糖 sucre……9g
蛋黃 jaunes d'œufs……5g
牛奶 lait……6g

A | 裸麥粉 farine de seigle……30g
| 高筋麵粉 farine forte……24g

含鹽奶油 beurre demi-sel……45g

作法

1
38g的奶油置於室溫軟化後，以矽膠抹刀攪拌成乳霜狀。依序加入細砂糖、蛋黃、牛奶，同時混合均勻；再加入過篩後的材料**A**拌勻。整成一個完整的麵團後，以保鮮膜包覆，靜置冰箱冷藏約30分鐘。

2
將步驟**1**捏成榛果大小，散放在已鋪好烘焙紙的烤盤上，放入預熱至170℃的烤箱，烘烤15分鐘，取出後在烤盤上散熱。

3
冷卻後切成大塊狀，和在室溫下軟化、攪拌成乳霜狀的45g奶油混合，攪拌均勻。

4
以擀麵棍擀成平面，以便完成後切成15cm正方形。放入冰箱冷藏。

Mousse aux poires japonaises
和梨慕絲

材料 15cm正方形慕絲圈1個（4人份）

和梨 poire japonaise……120g
萊姆汁 jus de citron……5g
吉利丁片 gélatine en feuille……4g

A | 蛋白 blancs d'œufs……15g
| 水 eau……5g
| 細砂糖 sucr ……20g

鮮奶油（35%）
crème liquide 35% MG……60g

作法

1
吉利丁片以冰水泡軟。和梨去皮去籽，和萊姆汁一起以食物處理機攪拌成果泥。

2
在鍋裡放入步驟**1**的果泥後加熱，趁熱放入擰去水分的吉利丁片，使其溶化。倒入鋼盆裡，盆底接觸冰水，一邊攪拌，一邊散熱。

3
以材料**A**製作義式蛋白糖霜。調理盆裡放入蛋白後，以電動攪拌器打發。鍋裡放入水及細砂糖，煮至118℃後，沿著蛋白糖霜的調理盆邊緣一點一點地倒入，並同時以高速打發。打發至糖霜氣泡緊實後，放入冰箱中冷卻。

鮮奶油打至七分發（呈緞帶狀滴落），和義式蛋白糖霜混合，以矽膠抹刀輕輕地拌勻。

將少量的步驟4倒入步驟2，混合均勻後，再剩餘的步驟4分三次倒入，同時混合均勻。

淺盆裡鋪上保鮮膜，放上慕絲圈，倒入步驟5後 平表面。放入冷凍箱，凝結成半冷凍狀態。

Sorbet à la citronnelle

檸檬草冰沙

材料 20人份

A
- 水 eau……190g
- 麥芽糖 glucose……30g
- 細砂糖 sucre……75g

檸檬草（新鮮* 白色部位）
citronnelle……4根

優格 yaourt……100g

鮮奶油（35%）
crème liquide 35% MG……25g

萊姆汁 jus de citron……18g

蜂蜜 miel……15g

* 如果使用的是乾燥檸檬草，則取15g於燜蒸時加入。

作法

1
鍋裡放入材料A、切碎的檸檬草，煮開後即可熄火。鍋子加蓋，燜蒸5分鐘。

2
將步驟1材料過篩進鋼盆裡，盆底接觸冰水，降溫冷卻。和剩下材料混合後倒入冰淇淋機裡製作成冰沙。

Poché de poire japonaise

水煮和梨

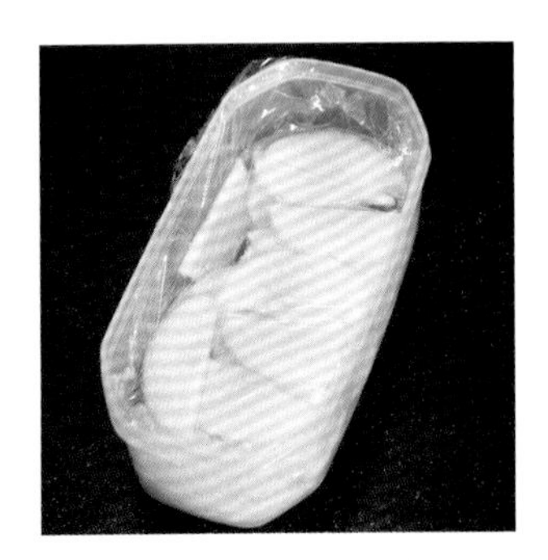

材料 4至5人份

檸檬草（新鮮*）
feuille de citronnelle……12g

水 eau……160g

細砂糖 sucre……80g

和梨 poire japonaise……1個

作法

檸檬草切成3cm長，和水、細砂糖一起放入鍋內，以火加熱，沸騰後即可熄火，加蓋燜蒸5分鐘。

和梨切成16等分的半月形，果核的部位以平切切除。果皮朝下，刀子平躺切去果皮，再將和梨對半厚切。

和梨併排置於保鮮盒裡，趁熱把步驟1過篩後倒進盒內。加上貼合水果的保鮮膜蓋，在室溫下散熱後，放入冰箱冷藏1天。

* 如果使用的是乾燥檸檬草，則取4g於燜蒸時加入。

Sauce au caramel

焦糖醬

材料　10人份

細砂糖 sucre……50g　　水 eau……25g

作法

1
鍋裡撒入細砂糖後點火加熱，顏色呈現金黃後慢慢倒入水，混合均勻。

〖組合・裝盤〗

材料　裝飾用

和梨片* chips de poire japonaise……適量
新鮮檸檬草 feuille de citronnelle……適量

1　塔皮切成15cm正方形後，再切成4等分7.5cm的正方形。和梨慕絲從邊緣入刀，移除慕絲圈後，切成4等分7.5cm的正方形。

2　將塔皮放入裝盤用的器皿中，再疊上和梨慕絲。

3　水煮和梨瀝去多餘水分後，在砧板上以部分重疊的方式排列5片。寬度調整成7.5cm，若太寬就切去兩端，置於慕絲上。

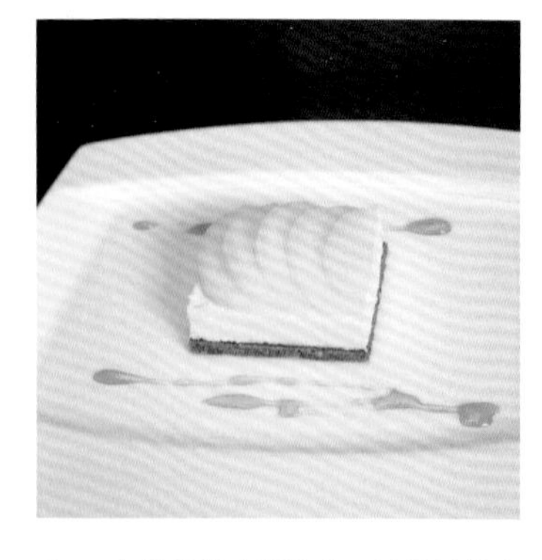

4　在塔的前方與後方，以焦糖醬畫出直線。

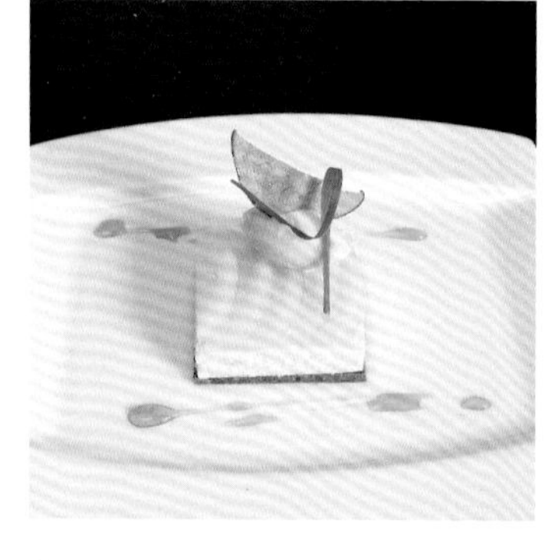

5　在水煮和梨的上方，擺上一小球橢圓形的檸檬草冰沙，再插上和梨片，最後以彎曲的檸檬草裝飾點綴。

* **和梨片**
和梨帶皮切成1mm以下的半月形薄片，兩端及有籽的部位平切掉。放在鋪好烘焙紙的烤盤裡並撒上糖粉，放入90℃烤箱烤2至3小時，把水分烤乾。

Poire japonaise frite et confiture de pamplemousse rose

炸和梨
佐紅葡萄柚果醬

和梨最佳的享受方式，當然是直接食用新鮮的果實，
但裹上炸衣油炸後，能享受到不同的嶄新滋味。
炸衣用的是卡達耶夫（Kadaif），即使包裹富含水分的和梨，
也不會軟化，可保持酥脆口感。
加入了起司霜（crème fromage）增添口味的深度，
醬汁的部分就淋上豐富的紅葡萄柚果醬作為點綴。

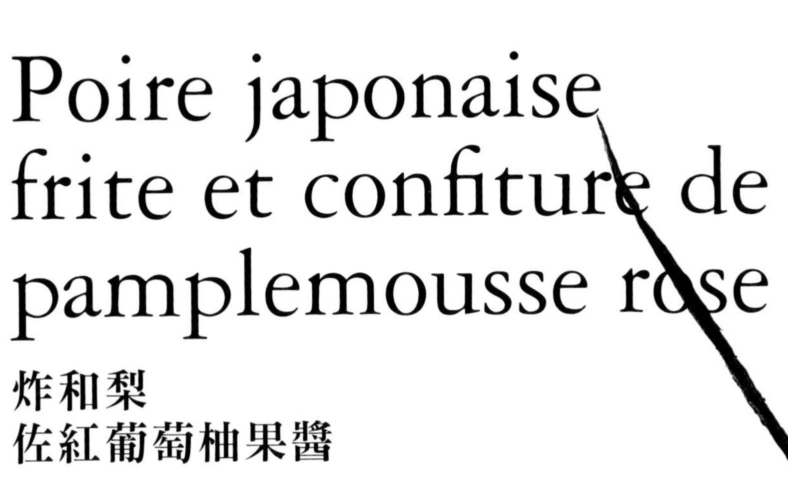

Friture de poire japonaise au kadaif

炸和梨卡達耶夫

材料 便於操作的份量

卡達耶夫 kadaif……適量

和梨 poire japonaise……1個

太白粉水 fécule……適量

炸油 huile……適量

* 麵粉或玉米粉經過揉麵，作成細條狀有如粉絲般後，加工而成的麵團。作法源自於土耳其，但法國料理中也經常使用。

作法

1 為了不使卡達耶夫乾燥，先以沾濕的廚房紙巾包裹。

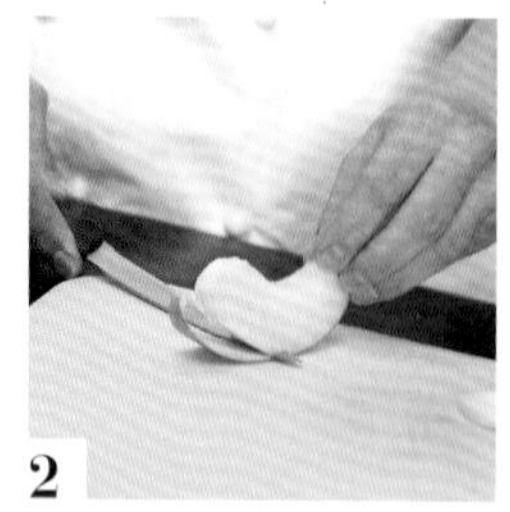

2 和梨切成12等分的半月形，切去果核並削去果皮。

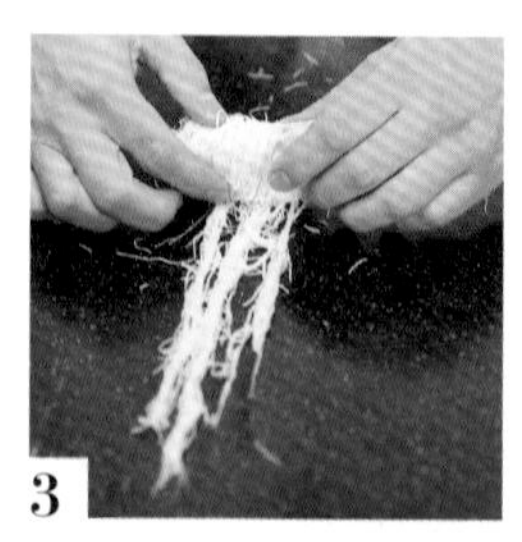

3 卡達耶夫表面輕輕刷上太白粉水後，將和梨包捲起來。在收尾處刷上太白粉水固定。

4 裝盤前將步驟3放入180℃的熱油，炸成棕紅色。

Sorbet à la poire japonaise

和梨冰沙

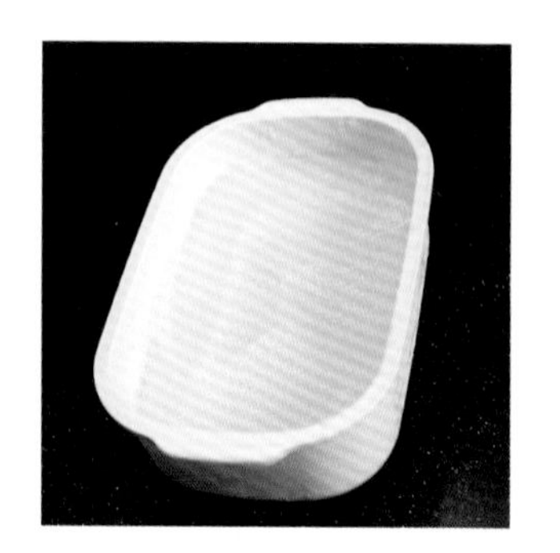

材料 便於操作的份量

和梨 poire japonaise……250g

細砂糖 sucre……30g

麥芽糖 glucose……20g

萊姆汁 jus de citron……12g

作法

1

和梨去皮去籽去核，切成適當大小。以手持式食物處理機或電動攪拌機，攪拌成果泥狀。

2

鍋裡放入果泥的1/3份量、細砂糖、麥芽糖，點火加熱，同時攪拌使全部混合。倒入鋼盆裡，盆底接觸冰水散熱冷卻。

3

加入剩下的果泥、萊姆汁，調整味道，再倒入冰淇淋機裡製作成冰沙。

Crème fromage
起司霜

材料 便於操作的份量

奶霜起司 cream cheese……40g

卡士達醬* crème pâtissière……40g

鮮奶油（35%） crème liquide 35% MG……20g

作法

1

把奶霜起司在室溫下退冰後搗軟，和卡士達醬混合。

2

鮮奶油打至八分發（撈起時前端呈彎鉤狀），和步驟1混合，動作快速俐落地拌勻。

* | 作法請參考P.134。

Comfiture de pamplemousse rose
紅葡萄柚果醬

材料 便於操作的份量

A | 現磨紅葡萄果皮 zeste de pamplemousse rose……1/2個份
| 現磨萊姆皮 zeste de citron……1/4個份

紅葡萄柚果肉 quartier de pamplemousse……1個份

萊姆果肉 quartier de citron……1/2個

香草莢（二次莢） gousse de vanilla usée……1/6根

作法

1

鍋裡燒滾開水後放入**A**，再次沸騰後熄火，倒掉鍋中的熱水。重複這個煮開、倒水的動作約三次，直至果皮煮軟。

2

步驟1切成5mm小塊，和其他的材料一起入鍋，加熱煮至水分蒸散。

〖組合・裝盤〗

材料 裝飾用

和梨 poire japonaise……適量

香草莢（二次莢切成細長條狀） gousse de vanille……適量

1 和梨去皮去籽去核，切成5mm塊狀。

2 在裝有1.1cm的圓形花嘴的擠花袋裡，裝入起司霜，在裝盤用的器皿裡擠出20g，中央略為內凹。

3 在步驟**2**的中央放上步驟**1**，再堆上3塊對半切開的炸和梨卡達耶夫。

4 將紅葡萄油果醬淋於炸卡達耶夫上，再放上香草莢作裝飾。

5 在小的玻璃容器裡，裝入剩下來的烤餅乾的碎片，放入一球橢圓形的和梨冰沙。

秋天的水果 4

和栗

marron japonais

栗子外皮脆硬，果實鬆軟，因而被分類為水果中的堅果類。挑選時請挑外皮帶有光澤，拿在手心時能感覺到重量的栗子。建議放入冰箱的「鮮味凍結室」或「微凍結室」低溫保存。栗子不但能長期保存，低溫的環境能使栗子裡的澱粉轉化成糖分，甜味增強。泡水時若浮起則表示曾經有蟲害，即無法使用。

〔產期〕

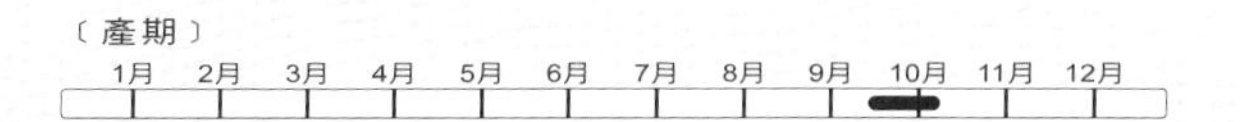

Blanc de mont-blanc

白色蒙布朗

和栗蛋糕以奶泡慕絲包裹，搭配上冰沙及蛋白霜餅，
製成這一道口味清爽的杯裝白色蒙布朗。
和栗溫熱時溫潤順口，但相對香味偏弱，因此增加了使用的份量。
蛋糕中加入了少許的鹽調味，以帶出日式風味。
而廣受喜愛的黑醋栗及奶酪，在此則發揮了畫龍點睛的作用。

Cake au marron japonais
和栗蛋糕

材料　15cm正方形慕絲圈一個（6至7人份）

A
- 和栗泥* pâte de marron japonais……110g
- 奶油（室溫下軟化） beurre……50g
- 糖粉 sucre glace……25g
- 鹽 sel……1g

全蛋 œufs……40g

B
- 低筋麵粉 farine faible……10g
- 泡打粉 levure chimique……1g

＊　和栗帶皮水煮後去皮，壓過篩網，過篩成泥狀。加入栗子重量30%的糖分（此處使用的是三溫糖），以小火加熱，使糖分能完全融化於栗子泥中。

作法

1
調理盆裡放入**A**料後以打蛋器仔細攪拌，帶入空氣。慢慢倒入打散的蛋液，混合均勻，最後加入篩後的**B**料。

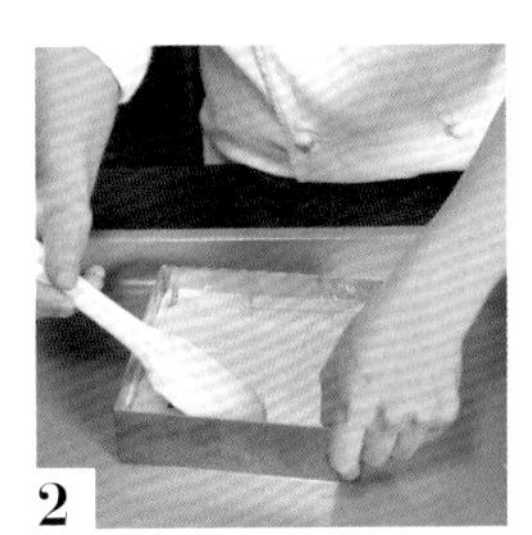

2
烤盤裡放上慕絲圈，裡面鋪上烘焙紙，倒入步驟**1**後，放入預熱至150℃的烤箱，烘烤10至15分鐘。取下慕絲圈，散熱冷卻。

Gelée de cassis
黑醋栗凝凍

材料　長18×寬21cm的淺盆一個（8人份）

A
- 冷凍黑醋栗（整顆果實） cassis surgelé……100g
- 水 eau……40g
- 黑醋栗果泥 purée de cassis……33g
- 細砂糖 sucre……19g

吉利丁片 gélatine en feuille……4g

作法

1
吉利丁片以冰水泡軟。鍋裡放入**A**料，加熱至80℃左右後熄火，加入擰去水分的吉利丁後攪拌均勻，使其溶化。

2
倒入淺盆裡，送入冰箱冷藏固定。

Marron japonais au sirop parfumé au miel

蜂蜜煮和栗

材料 8人份

A | 水 eau……350g
洋槐花蜜 miel d'acassia……200g
細砂糖 sucre……150g

和栗（水煮過剝皮） marron japonais mondé……500g*

作法

1
鍋裡放入**A**料，加熱至沸騰，去除浮沫。轉小火，放入和栗後，加上緊貼栗子的鍋蓋（尺寸小於鍋子）。

2
即將沸騰前熄火，離火後靜置於常溫下一晚，使糖漿完全浸透栗子。

3
再次以小火加熱至將沸騰前，熄火並離開火源，靜置於常溫下一晚。再重覆一次此步驟（共3次）。

* | 帶皮的狀態約為1kg。熱水裡放入1小匙小蘇打粉及2小撮鹽，栗子煮透後倒掉熱水，加入冷水，趁還有餘溫時去皮。

Sauce anglaise au marron japonais

和栗英式香草醬

材料 8人份

A | 牛奶 lait……125g
鮮奶油38% crème liquide 38% MG……38g
香草莢 gousse de vanille……1/6根份

蛋黃 jaunes d'œufs……30g

三溫糖 sucre roux……15g

和栗泥* pâte de marron japonais……100g

* | 作法請參考P.149。

作法

1
鍋裡放入材料**A**開火加熱。

2
調理盆裡放入蛋黃後打散，再加入三溫糖，以打蛋器攪拌至顏色變淡偏白。倒入材料**A**，混合均勻，再倒回鍋中，以中火加熱。一邊混合，一邊加熱至83℃。

3
過篩至鋼盆裡，加入和栗泥後，以手持式食物處理機，攪拌均勻。盆底接觸冰水，混合的同時散熱冷卻。

Sorbet au fromage blanc

奶酪冰沙

材料 8人份

A | 水 eau……140g
　麥芽糖 glucose……23g
　細砂糖 sucre……40g

奶酪 fromage blanc……100g

萊姆汁 jus de citron……15g

洋槐花蜜 miel d'acassia……12g

鮮奶油（38%）crème liquide 38% MG……45g

作法

1

鍋裡放入**A**煮至沸騰後，放涼冷卻。

2

加入其他所有材料，仔細混勻。

2

倒入冰淇淋機裡製作成冰沙。

Meringues

蛋白霜餅

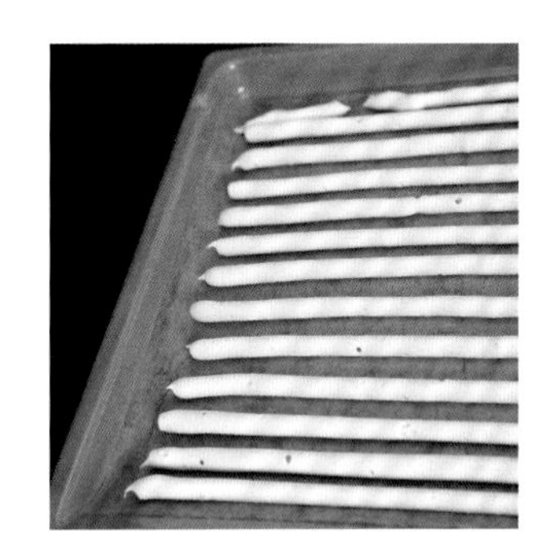

材料 6人份

蛋白 blancs d'œufs……50g

細砂糖 sucre……50g

糖粉 sucre glace……50g

作法

1

調理盆裡放入蛋白，以電動攪拌器打發起泡。細砂糖分成2至3次加入，同時持續打發，直至糖霜質地變得緊實（撈起時前端呈針尖狀）。再加入過篩後的糖粉，取矽膠抹刀以切割的方式拌勻。

2

烤盤內鋪上烘焙紙。以裝有8mm圓形花嘴的擠花袋，放入步驟**1**後擠出成直線。

3

放入90℃烤箱烤2小時，使水分蒸散。取出後直接散熱放涼，再放入可收納乾燥食材的容器內保存。

Emulsion

奶泡慕絲

材料　5人份

牛奶 lait……200g

細砂糖 sucre……15g

黑蘭姆酒 rhum brun……18g

作法

1
鍋裡放入所有材料後點火加熱，即將沸騰前熄火。

2
以手持式食物處理機打發攪拌成細緻的奶泡。

〚 組合・裝盤 〛

材料　裝飾用

金箔 feuille d'or……適量

1　以直徑5cm的圓形慕絲圈切出黑醋栗凝凍，放在裝盤用的玻璃杯底。以同一個慕絲圈切下和栗蛋糕，放在凝凍上方。

2　在步驟**1**周圍淋上4大匙的和栗英式香草醬，再放上5至6塊切成8等分的蜂蜜煮和栗。

3　舀入4大匙奶泡慕絲，中央放上一球橢圓形的冰沙。以金箔裝飾，再放上蛋白霜餅作最後裝飾。

Marronnier

栗子樹

以葡式蛋塔為靈感，在烤得清爽酥脆的栗子千層派上方加上布丁。
和栗冰淇淋及瓦片皆帶有甜香，是一道帶來幸福感的甜點。
為了讓身為主角的和栗味道能完全散發，
除了甜點裡的配料之外，也放上蜂蜜煮和栗作點綴，
搭配上和栗冰淇淋，以強調栗子風味，也能達到整體平衡。

Feuilleté au marron

栗子千層派

材料 直徑8cm×高1.5cm的塔派模型10個

低筋麵粉 farine faible……260g

鹽 sel……6g

水 eau……125g

融化奶油 beurre fondu……38g

奶油 beurre……210g

配料〈參考P.155〉 garniture……適量

作法

1

製作千層派皮。調理盆裡倒入過篩後的低筋麵粉後，加入鹽、水、融化奶油，以刮刀切拌的方式混合均勻（請勿攪拌出麵筋）。混合好後以保鮮膜包覆，靜置冰箱冷藏至少1小時。

2

從冰箱中取出奶油，包覆保鮮膜後，以擀麵棍擀平。待軟化至和步驟**1**相同的柔軟質地時，整成扁平的正方形。

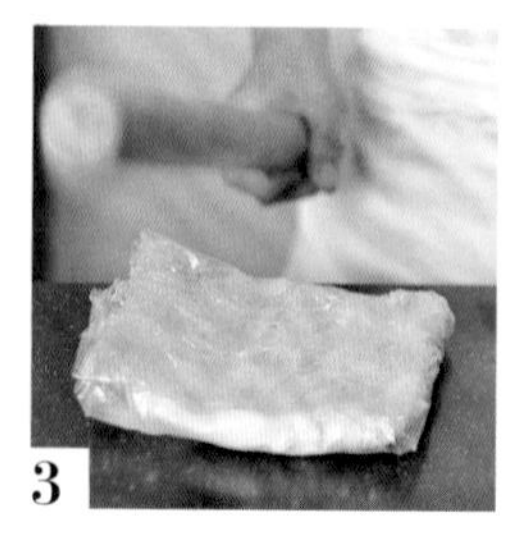

3

將步驟**1**的麵團擀成比奶油再大一圈的正方形，由中央向外擀開，四個邊緣成舌頭向外伸長狀（中央略厚即可）。四邊向中央內摺疊起，包住奶油後按緊接合處，再以擀麵棍拍打。

4

把步驟**3**的麵團前後擀長，再摺成3摺。

5

麵團旋轉90度，再次前後擀長，重複一次3摺。再重複一次以上動作，並以4摺作結，即完成了千層派皮。

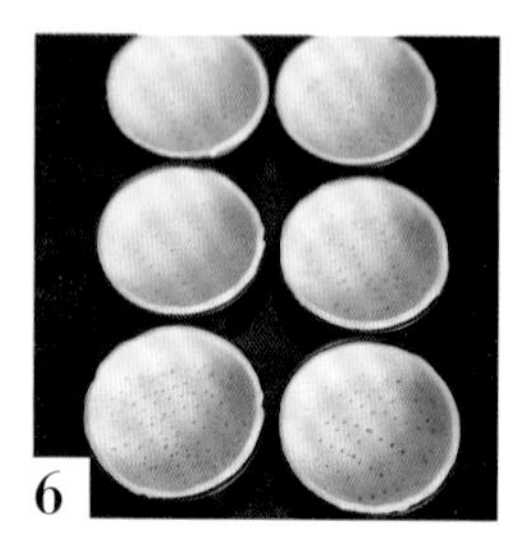

6

把麵團擀成2mm厚，以直徑9cm的慕絲圈切下20片。其中10片鋪在塔派模型中，戳出氣孔。

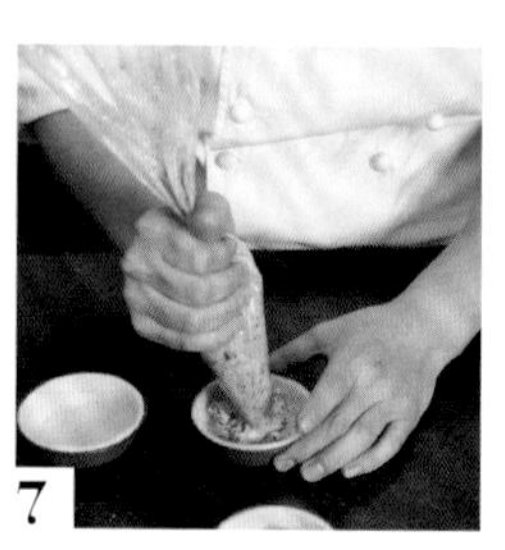

7

將配料擠入模型，高度約略低於模型。

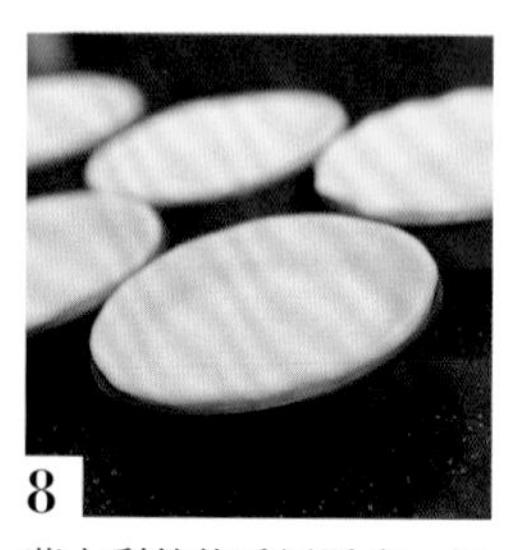

8

蓋上剩餘的千層派皮，加蓋時請避免讓空氣進入。切除派皮多出來的部分，放入冰箱冷藏約30分鐘。

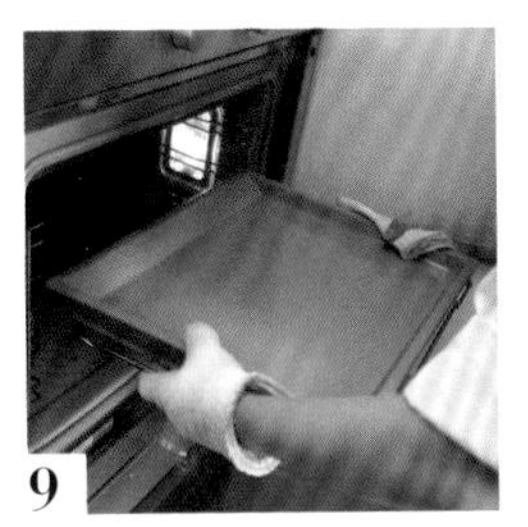

9

置於網架或烤盤上，放入預熱至190℃的烤箱烤20分鐘。烘烤過程中，10分鐘後如果派皮隆起，先用烘焙紙蓋住後，再加上烤盤下壓，續烤10分鐘。

10

取下上方的烤盤及烘焙紙，視情況可再烘烤一下，直至表面呈現棕黃色。

Garniture

配料

材料　直徑8cm×高1.5cm的塔派模型8個

奶油 beurre……80g

A
- 榛果粉 poudre de noisette……40g
- 三溫糖 sucre roux……20g
- 鹽 sel……1g

蜂蜜煮和栗* marron japonais au sirop parfumé au miel……60g

核桃 noix cerneaux……30g

* ｜ 作法請參考P.150。

作法

1

奶油置於室溫下軟化後，拌成乳霜狀，再加入材料A料，仔細混合均勻。

2

蜂蜜煮和栗切成7mm小塊，核桃壓碎後，一併倒入步驟1材料中。

Tuiles

瓦片

材料　便於操作的份量

水 eau……50g
細砂糖 sucre……100g
高筋麵粉 farine forte……15g
融化奶油 beurre fondu……65g

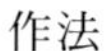

作法

1
調理盆裡依序加入水、細砂糖，再加入過篩後的高筋麵粉，以打蛋器仔細攪拌均勻。

2
加入融化奶油，攪拌至整體柔滑均勻。倒於烘焙紙上，攤平成2mm厚度。

3
放入預熱至170℃的烤箱，烘烤15分鐘。

4
從烘焙紙上取下後，以直徑8cm的慕絲圈壓切後，置於平坦處放涼冷卻。

Crème glacée au marron japonais

和栗冰淇淋

材料　20人份

A
- 牛奶 lait……250g
- 鮮奶油（38%）crème liquide 38% MG……75g
- 香草莢 gousse de vanilla……1/3根份

蛋黃 jaunes d'œufs……60g
三溫糖 sucre roux……30g
和栗泥* pâte de marron japonais……250g
黑蘭姆酒 rhum brun……10g

* 和栗泥
和栗帶皮水煮後去皮，壓過篩網，過篩成泥狀。加入栗子重量30%的糖分（在此使用的是三溫糖），以小火加熱，使糖分完全融於栗子泥中。

作法

1
鍋裡放入**A**料，加熱直至即將沸騰前。

2
調理盆裡放入蛋黃打散，再加入三溫糖，以打蛋器仔細混合均勻。倒入材料**A**拌勻，再倒回鍋中以中火加熱，一邊攪拌，一邊加熱至83℃。

3
過篩至鋼盆裡，加入和栗泥後，以手持式食物處理器攪拌均勻。

4
盆底接觸冰水，攪拌的同時散熱冷卻，最後加入黑蘭姆酒，再倒入冰淇淋機中製作成冰淇淋。

Pudding

布丁

材料　直徑5.5cm的慕絲圈8個份

全蛋 œfus……90g

細砂糖 sucre……35g

牛奶 lait……200g

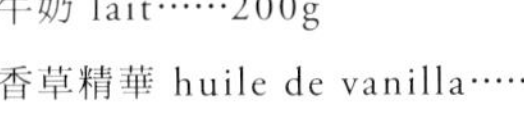

香草精華 huile de vanilla……1至2滴

作法

1

調理盆裡放入全蛋、細砂糖，以打蛋器打散拌勻。倒入溫熱至60℃的牛奶，仔細混合均勻，再加入香草精華後過篩。

2

以保鮮膜包住慕絲圈地其中一邊，並以橡皮筋固定，再分成2等分倒入慕絲圈裡。放上烤盤，外面注入熱水，高度為布丁的1/3至1/2高。

3

放入預熱至120℃至130℃的烤箱，隔水加熱烘烤30至40分鐘。

〚 組合・裝盤 〛

材料　裝飾用

防潮糖粉 poudre décor……適量

蜂蜜煮和栗* marron japonais au sirop parfumé au miel……適量

烘烤過的核桃 noix cerneaux grilles……適量

* ｜ 作法請參考P.150。

1　瓦片撒上防潮糖粉，上面以放射狀擺放切成8片的蜂蜜煮和栗，中央也放上切成碎塊的和栗。

2　栗子千層派先放入烤箱以180℃加熱3分鐘，再擺放於裝盤用器皿的中央。上方依序疊上以慕絲圈切出的布丁＆步驟1成品。

3　加上一球橢圓形的冰淇淋，及對半切開的蜂蜜煮和栗兩顆。四周散布切碎的核桃，並在冰淇淋上插上一片瓦片。

秋天的水果 5

堅果類

fruits secs

花生、榛果之類的食材，被歸納於水果中的堅果類。其中土耳其產的榛果、日本千葉縣產的花生都是遠近馳名的品種。法式吃法是生吃，亦可水煮後享用，都非常美味；經烘烤，使堅果香氣四溢的吃法，更是別具一番風味。以下要介紹的是以巧克力作搭配的堅果甜點。

〔產期〕

1月	2月	3月	4月	5月	6月	7月	8月	9月	10月	11月	12月
								━	━		

Marjolaine et sorbet citron vert

堅果奶油蛋糕佐青檸檬冰沙

堅果奶油蛋糕是源自於法國米其林三星餐廳的招牌甜點。
杏仁蛋白餅&甘納許搭配上兩種鮮奶油，並以正統作法製作層疊式蛋糕。
鮮奶油為了配合杏仁蛋白餅的強度及深度，加入了吉利丁及奶油。
放上一球青檸檬冰沙，以微微的酸度喚醒你的味蕾。

Daquoise

杏仁蛋白餅

材料 8人份

蛋白 blancs d'œufs……114g

細砂糖 sucre……38g

A | 杏仁粉 poudre d'amand ……45g
棒果粉 pouder de noisette……45g
糖粉 sucre glace……90g
低筋麵粉 farine faible……24g

榛果（切碎） noisettes concassées……30g

作法

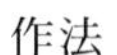

1
鋼盆裡放入蛋白，以電動攪拌器打發起泡。細砂糖分兩次加入，打發成翻轉鋼盆糖霜也不會掉落的硬度。

2
加入過篩後一半份量的A到步驟**1**裡，以矽膠抹刀快速混合均勻，再倒入剩下的**A**料以切割的手法拌勻。

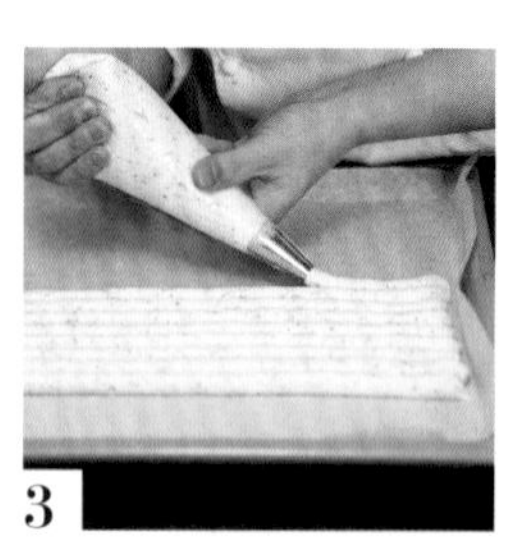

3
烤盤裡鋪上烘焙紙，在裝有1.1cm圓形花嘴的擠花袋裡裝入步驟**2**，並排緊貼地擠出，再以15cm正方形的慕絲圈切出兩塊的大小。從上方讓烤盤落下，以震出多餘空氣。

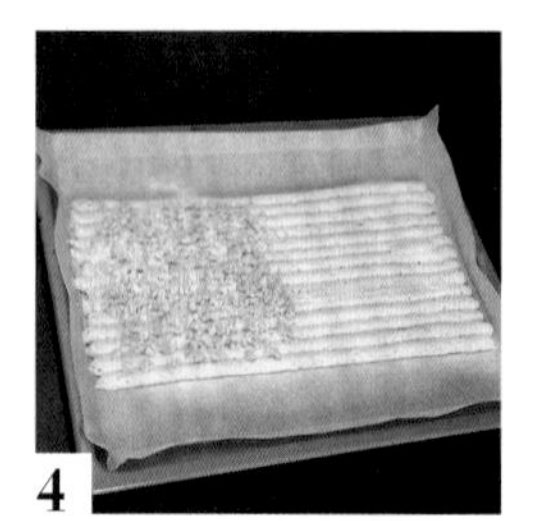

4
在一個慕絲圈大小的上方鋪上榛果顆粒，再全面撒上大量的糖粉（份量外）。放入預熱至170℃的烤箱，烘烤15至20分鐘。

5
從烤盤內取出後放涼，再切成兩塊15cm的正方形。

Ganache

甘納許

材料 8人份

調溫黑巧克力 couverture chocolat noir……50g

鮮奶油（38%） crème liquide 38% MG……50g

作法

1

調理盆裡放入調溫巧克力及煮至沸騰的鮮奶油，仔細混合兩者融合。放涼至不燙手，約同肌膚溫度。

2

在烘焙紙上放上15cm的正方形慕絲圈，放入無榛果顆粒的杏仁蛋白餅，作為底層。

3

倒入步驟1後整平表面，放入冰箱冷藏固定。

Chantilly praliné noisette

杏仁榛果鮮奶油

材料 8人份

鮮奶油（47%）
crème liquide 47% MG……125g
吉利丁片 gélatine en feuille……1.5g

A | 杏仁榛果醬 praliné noisette……60g
義大利榛果香甜酒* Frangelico……10g

作法

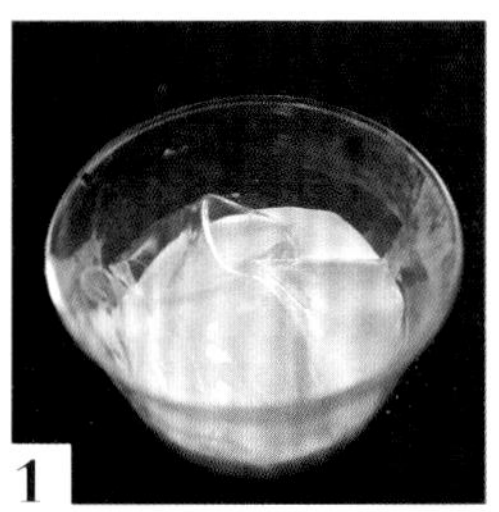

1

鮮奶油打至六分發（撈起時滴落的痕跡會立刻消失）。取出部分倒入以冰水泡軟並擰去多餘水分的吉利丁片，再放入微波爐中，加熱溶解。

2

調理盆裡放入**A**料後拌匀，加入含有吉利丁的鮮奶油全部攪拌均匀，再和剩下的鮮奶油混合。

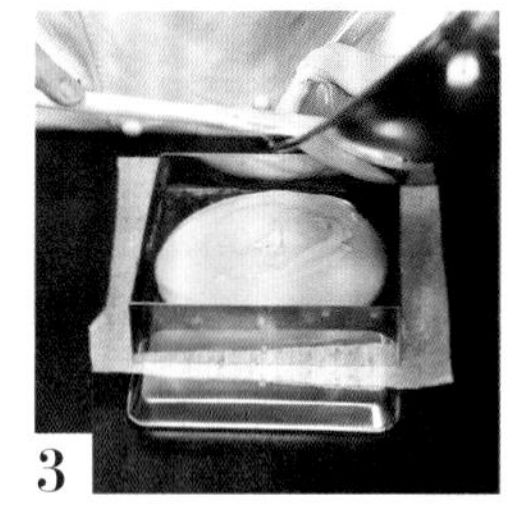

3

倒在鋪有甘納許的杏仁蛋白餅上，整平表面，放入冷凍庫冰鎮固定。

* 以榛果為主原料的利口酒，義大利巴貝羅（Barbero）公司出品。或是以白蘭地代替亦可。

Crème chantilly

發泡鮮奶油

材料 8人份

鮮奶油（47%）
crème liquide 47% MG……150g

細砂糖 sucre……15g
吉利丁片 gélatine en feuille……1.5g
奶油 beurre……30g

作法

1

吉利丁片以冰水泡軟。鮮奶油混合細砂糖後，打至六分發（撈起時滴落的痕跡會立刻消失）。

2

奶油加熱至50℃左右，放入擰去水分的吉利丁片，混合溶解，再和步驟1的鮮奶油一起攪拌均匀。

3

將步驟2倒入冰涼的杏仁榛果鮮奶油後，整平表面。

4

將鋪有榛果顆粒的杏仁蛋白餅放在步驟3上，放入冷凍庫冷凍。

Sorbet citron vert

青檸檬冰沙

材料　12人份

A
- 水 eau……140g
- 麥芽糖 glucose……23g
- 轉化糖 trimoline……30g

B
- 奶酪 fromage blanc……100g
- 青檸檬汁 jus de citron vert……65g
- 現磨青檸檬皮 zeste de citron vert râpé……1/2 個份
- 蜂蜜 miel……12g
- 鮮奶油（38%）crème liquide 38% MG……45g

蛋白 blancs d'œufs……70g

C
- 細砂糖 sucre……70g
- 水 eau……40g

作法

1

鍋裡放入材料**A**料後，煮至沸騰，再倒入鋼盆，盆底接觸冰水散熱冷卻。倒入材料**B**料混合均勻，一併倒入冰淇淋機裡製作冰沙。

2

製作義式蛋白糖霜。調理盆裡放入蛋白打發。鍋裡放入**C**料，煮至118℃、質地濃縮，再從裝著蛋白的調理盆邊緣慢慢倒入蛋白裡，同時高速打發。至質地緊實，撈起時呈尖針狀，即可放入冰箱冷藏。

3

步驟**1**的冰沙完成後，倒入步驟**2**裡，混合均勻。

Sauce chocolat / praliné

巧克力杏仁榛果醬

材料　便於操作的份量

A
- 調溫黑巧克力 couverture chocolat noir……70g
- 杏仁榛果醬 praliné noisette……60g

B
- 鮮奶油（38%） crème liquide 38% MG……150g
- 牛奶 lait……40g

法式酸奶油 crème fraiche……45g

義大利榛果香甜酒 Frangelico……10g

作法

1

調理盆裡放入**A**料，加入沸騰的**B**，仔細混合均勻。

2

加入法式酸奶油及義大利榛果香甜酒，以手持式食物處理機攪拌均勻。盆底接觸冰水散熱冷卻。

〖組合・裝盤〗

材料 裝飾用

糖粉 sucre glace……適量

榛果 noisette……適量

現磨青檸檬皮 zeste de citron vert râpé……適量

1 從慕絲圈裡取出冷卻固定的堅果奶油蛋糕，以刀子劃出橫向對半、縱向4等分的壓線，切成8個長方形。

2 在裝盤用的器皿裡，以巧克力杏仁榛果醬畫出線條。

3 把步驟1置於巧克力杏仁榛果醬上，過篩撒上糖粉，散布幾顆榛果。

4 取幾個小型玻璃杯裝入青檸檬冰沙，加上現磨青檸檬皮。放在器皿的空位處。

Choc-noisette

堅果巧克力

這是我在以前曾經參加過的法國甜點大賽裡，即興創作的甜品的進化版。
敲破瓦片後，露出藏在奶泡慕絲底下的冰淇淋&巧克力脆片組合。
為榛果＋巧克力這樣的經典搭配之中，帶來了與眾不同的魅力。
散布在瓦片上的榛果，除了增添香氣之外，外觀上也極討喜。

Génoise chocolat
巧克力海綿蛋糕

材料　直徑15cm的圓形模型1個

A
- 全蛋 œufs……120g
- 細砂糖 sucre……75g
- 蜂蜜 miel……10g

B
- 低筋麵粉 farine faible……50g
- 可可粉 poudre de cacao……16g

牛奶 lait……25g

作法

1
調理盆裡放入**A**料，以電動攪拌器打發起泡，撈起後呈緞帶垂落狀態。

2
將過篩後的**B**料分兩次加入步驟**1**裡，以矽膠抹刀混合均勻，加入牛奶快速拌勻。

3
倒入直徑15cm的圓形模型裡，放入預熱至180℃的烤箱，烘烤約30分鐘。

4
取下模型，散熱冷卻後切成5mm小塊即完成。

Tuile choolat / praliné
巧克力榛果瓦片

材料　10人份

A
- 糖粉 sucre glace……50g
- 低筋麵粉 farine faible……13g
- 高筋麵粉 farine forte……7g
- 可可粉 poudre de cacao……5g
- 鹽 sel……1g

全蛋 œufs……60g
融化奶油 beurre fondu……50g
杏仁榛果醬 praliné noisette……100g
榛果（切碎） noisette concassées……適量

作法

1
A料全部混合好後過篩，倒入調理盆裡。依序加入打散成蛋液的全蛋、融化奶油、杏仁榛果醬，同時混合拌勻。

2
取少許步驟**1**備用。剩下的倒在已鋪好烘焙紙的烤盤上，以奶油抹刀薄塗開來並整平表面，撒上榛果顆粒，放入預熱至150℃的烤箱，烘烤約5分鐘。

3
取出後，上方先蓋上一張烘焙紙，上下翻面，撕除之前的烤過的烘焙紙，再換上一張乾淨的烘焙紙後，再翻回正面。將瓦片切成長19.5cm×寬12cm的長方形，再以垂直方向斜切對半*1。

4
以廚房蠟紙作成圓筒狀後，放入步驟**2**預留備用的瓦片麵團，擠在步驟**3**的短邊上。以直徑5.5cm的慕絲圈把瓦片捲成筒狀*2，兩端重疊黏貼。

*1　為了不切碎榛果，可以手掌一邊壓一邊切。

*2　在捲的過程中若是瓦片變硬，可再放入烤箱溫熱軟化。

Ganache
甘納許

材料　10人份

A｜調溫黑巧克力 couverture chocolat noir……80g
　｜調溫牛奶巧克力 couverture chocolat au lait……20g

鮮奶油（38%） crème liquide 38% MG……110g

白蘭地 brandy……10g

作法

1
調理盆裡放入**A**料，加入煮至沸騰的鮮奶油，以矽膠抹刀仔細混合至質地變得柔滑細緻，再加入白蘭地。

2
在淺盆裡鋪上保鮮膜，倒入步驟**1**，以保鮮膜調整成1cm的厚度，放入冷凍庫冰成半凍狀。

3
以直徑4.5cm的慕絲圈切下備用。

Croustillant chocolat/noisette
巧克力榛果脆片

材料　10至11人份

榛果（烘烤過） noisette grillées……30g

A｜杏仁榛果醬……40g
　｜調溫黑巧克力 couverture chocolat noir……35g
　｜調溫牛奶巧克力 couverture chocolat au lait……35g

米香 riz soufflé……30g

巧克力海綿蛋糕〈參考P.165〉 génoise chocolat……40g

作法

1
榛果切碎。

2
調理盆裡放入**A**料，隔水加熱融化。加入步驟**1**及剩下的其他材料，以矽膠抹刀快速拌勻。

Crème glacée au praliné
杏仁榛果冰淇淋

材料　6人份

榛果（烘烤過）
noisette grillées……15g

A｜牛奶 lait……120g
　｜鮮奶油（38%）
　｜crème liquide 38% MG……10g
　｜麥芽糖 glucose……5g

蛋黃 jaunes d'œufs……20g

細砂糖 sucre……25g

脫脂奶粉 poudre de lait……5g

奶油 beurre……6g

杏仁榛果醬 praliné noisette……20g

作法

1
榛果切碎後放入鍋內，放入**A**料後加熱。

2
調理盆裡放入蛋黃後打散，加入細砂糖及脫脂奶粉，以打蛋器混合攪拌，再加入步驟**1**。

3
倒回鍋內以中火加熱，一邊攪拌，一邊加熱至83℃。熄火離開火源，放涼至不燙手後加入奶油及杏仁榛果醬，再以手持式食物處理機仔細攪拌均匀。

4
過篩進鋼盆內，盆底接觸冰水散熱冷卻。倒入冰淇淋機裡製作成冰淇淋。

Emulsion chocolat
巧克力奶泡慕絲

材料　便於操作的份量

牛奶 lait……200g

鮮奶油（38%） crème liquide 38% MG……30g

A
- 調溫黑巧克力 couverture chocolat noir……30g
- 調溫牛奶巧克力 couverture chocolat au lait……8g

作法

1
鍋裡放入牛奶及鮮奶油，加熱至即將沸騰後，熄火。

2
步驟**1**裡加入**A**料，以手持式食物處理機攪拌均匀，破壞較大的氣泡。

Sauce au chocolat
巧克力醬

材料　便於操作的份量

A
- 可可膏 pâte de cacao……34g
- 調溫黑巧克力（可可含量58%） couverture chocolat noir (58% de cacao)……34g
- 牛奶 lait……100g

B
- 鮮奶油（38%） crème liquide 38% MG……10g
- 細砂糖 sucre……12g

法式酸奶油 crème fraiche……10g

作法

1
鋼盆裡放入**A**料，以及溫熱後的**B**，仔細混合均匀。

2
加入法式酸奶油後，以手持式食物攪拌機仔細混合。盆底接觸冰水散熱冷卻後，放入冰箱冷藏。

〚組合・裝盤〛

材料 裝飾用

可可粉 poudre de cacao……適量

1 在裝盤用的器皿裡，以刷子刷出巧克力醬線條，擺上甘納許。

2 以瓦片包覆甘納許。

3 瓦片內放上巧克力榛果脆片，放至瓦片的一半高度。

4 舀一大匙冰淇淋，放入瓦片內。

5 淋上奶泡慕絲，全面撒上可可粉。

Cacahouète et chocolat

花生巧克力

對新鮮現採花生的美味感到驚為天人，讓我找到了創作甜點的靈感，
有一陣子極度著迷於花生，對於以花生製作甜點湧現無比熱情，
便誕生了這一道甜點。
原型是來自法式甜點——歐培拉（Opéra），
將其中咖啡口味海綿蛋糕改成沾取巧克力糖漿，
再疊上花生凝凍變化口感。
而最上層的焦糖花生便是成功營造花生風味的主角。
又香又脆的焦糖花生，徹底綻放花生得天獨厚的魅力。

Biscuit joconde

杏仁海綿蛋糕

材料　15cm正方形的慕絲圈2個份

A
- 全蛋 œufs……180g
- 糖粉 sucre glace……88g
- 杏仁粉 poudre d'amande……88g

蛋白 blancs d'œufs……103g

細砂糖 sucre……64g

低筋麵粉 farine faible……33g

融化奶油 beurre……20g

作法

1

將**A**料的糖粉及杏仁粉過篩後，和全蛋一起放入調理盆裡，以電動攪拌器混合均勻。

2

取另一調理盆打發蛋白，再加入細砂糖，打發成撈起後呈尖針狀的蛋白糖霜。分成2至3次加入步驟**1**材料裡，再以矽膠 刀，混合均勻。

3

加入過篩後的低筋麵粉後拌勻，再加入融化奶油。

4

在烤盤上鋪好烘焙紙，放上慕絲圈，倒入步驟**3**材料，以蛋糕 刀整平表面。放入預熱至200℃的烤箱，烘烤10分鐘，取出後散熱放涼，再取下慕絲圈。

Sirop

糖漿

材料　15cm正方形的慕絲圈2個份

水 eau……140g

可可粉 poudre de cacao……9g

貝禮詩奶酒 Baileys*1……13g

烘焙用巧克力*2　pâte à glacer……適量

＊1　以鮮奶油及愛爾蘭威士忌為主成分，源自於愛爾蘭的奶酒。

＊2　裝飾外層用的巧克力。不用經過調溫，只須經過融化再固定，即可產生自然光澤。

作法

1

製作糖漿。鍋裡放水煮至沸騰，加入可可粉後，以打蛋器攪拌均勻同時加熱。熄火後，放涼至不燙手後，加入貝禮詩奶酒。

2

甘納許〈請參考P.171〉製作完成後，以隔水加熱方式融化烘焙用巧克力，再以蛋糕抹刀塗抹於海綿餅乾〈請參考上述〉的表面。

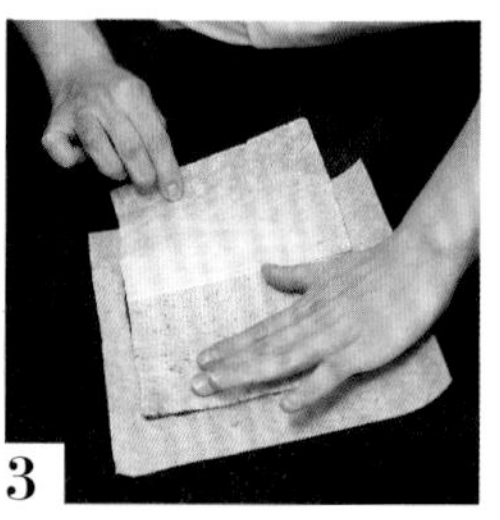

3

巧克力尚未凝固前，蓋上一張烘焙紙，密合擠出空氣，上下翻面，撕下上面的烘焙紙。

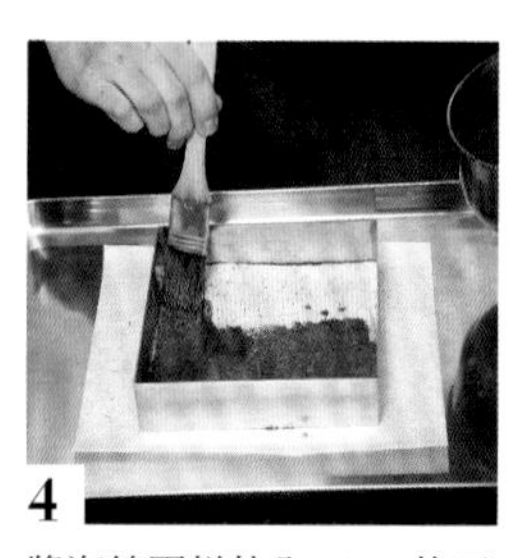

4

將海綿蛋糕放入15cm的正方形慕絲圈裡，以刷子刷上步驟**1**的糖漿。多刷幾層，直至海綿蛋糕吸飽糖漿。

Ganache

甘納許

材料 15cm正方形的慕絲圈2個份

調溫黑巧克力（可可含量58%） couverture chocolat noir……60g

可可膏 pâte de cacao……40g

A | 鮮奶油（38%） crème liquide 38% MG……170g
  | 麥芽糖 glucose……30g

貝禮詩奶酒 Baileys……10g

作法

1

鋼盆裡放入調溫巧克力及可可膏，再加入煮至沸騰的A，仔細攪拌均勻。

2

放涼至不燙手後，加入貝禮詩奶酒，盆底接觸冰水散熱冷卻。

3

在刷好糖漿的海綿蛋糕〈P.170〉上，倒入步驟2的甘納許，以刮刀抹平表面。放入冷凍庫冰鎮冷卻。

Glée de cacahouète

花生凝凍

材料 15cm正方形的慕絲圈2個份

牛奶 lait……210g

鮮奶油（38%）crème liquide 38% MG……90g

A | 細砂糖 sucre……12g
  | 洋菜 agar-agar……7g
  | 鹽 sel……0.5g

花生醬 beurre de cacahouète……60g

貝禮詩奶酒 Baileys……12g

作法

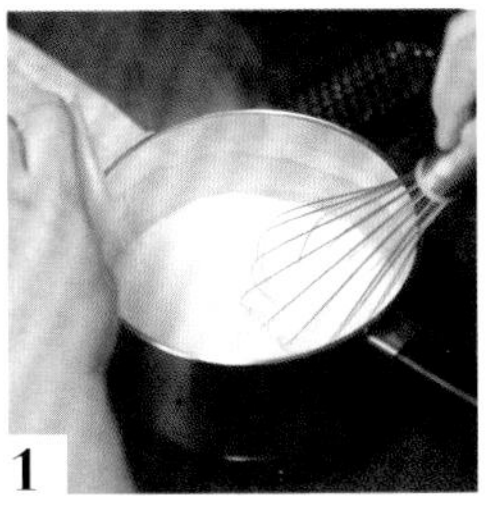

1

鍋裡放入牛奶及鮮奶油後煮至沸騰，加入混合好的**A**料，以打蛋器攪拌均勻。

2

調理盆裡放入花生醬及貝禮詩奶酒，趁熱倒入步驟**1**，再以手持式食物處理機攪拌均勻。

3

放涼至不燙手後，倒在甘納許上方，放入冷凍庫冰鎮固定。

Crème glacée cacahouète

花生冰淇淋

* 以榛果為主材料製成的利口酒。

材料　30人份

A
- 牛奶 lait……480g
- 鮮奶油（38%）crème liquide 38% MG……48g
- 麥芽糖 glucose……36g
- 奶油 beurre……30g

蛋黃 jaunes d'œufs……132g

花生醬 beurre de cacahouète……144g

義大利榛果香甜酒 Frangelico……48g

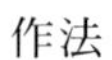

作法

1
鍋裡放入**A**料，加熱至70℃左右。

2
調理盆裡放入蛋黃打散後加入**A**料，再以打蛋器攪拌均勻。倒回鍋中，一邊以中火加熱，一邊持續攪拌至83℃。

3
過篩進鋼盆裡，趁熱加入花生醬及義大利榛果香甜酒，再以手持式食物處理器仔細混勻。

4
盆底接觸冰水散熱冷卻，倒入冰淇淋機裡製作成冰淇淋。

5
在淺盆底鋪上保鮮膜，待冰淇淋完成後，倒入淺盆裡抹平成厚度1.5cm。放入冷凍庫冷卻固定，再切成13×2cm的長方形。

Sauce au chocolat

巧克力醬

材料　便於操作的份量

調溫黑巧克力（可可成分58%） couverture chocolat noir (58%)……34g

可可膏 pâte de cacao……34g

A
- 牛奶 lait……100g
- 鮮奶油（38%） crème liquide 38% MG……10g
- 細砂糖 sucre……12g

法式酸奶油 crème fraîche……10g

作法

1
鋼盆裡放入調溫巧克力及可可膏。加入沸騰的**A**，混合均勻。

2
加入法式酸奶油，以手持式食物處理器仔細混勻。

3
盆底接觸冰水散熱冷卻，放入冰箱冷藏保存。

Nougatine
焦糖花生

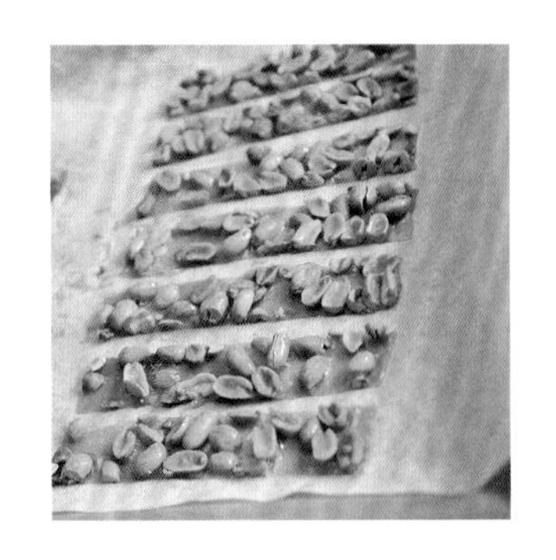

材料　12人份

A
- 細砂糖 sucre……50g
- 麥芽糖 glucose……50g
- 奶油 beurre……50g
- 水 eau……13g

花生 cacahouète……150g

作法

1
鍋裡倒入**A**，加熱的同時一邊攪拌。

2
煮至冒出氣泡且開始乳化後，即可熄火，再倒入花生。

3
倒入事先鋪好烘焙紙的烤盤內，放入預熱至170℃的烤箱烘烤15分鐘，顏色變深。

4
趁熱切成14×2.8cm的長方形。

〚 組合・裝盤 〛

材料 裝飾用

金箔 feuille d'or……適量

巧克力板*（14×2.8cm的長方形） plaquette chocolat noir……1人份1片

* | 薄片狀的巧克力。

1 將海綿蛋糕層疊上甘納許及花生凝凍，切成13×2cm的長方形，置於裝盤用的器皿上。

2 以金箔點綴裝飾焦糖花生。

3 在巧克力板上疊上花生冰淇淋，放入冰箱冷凍，盛盤上桌前一刻再取出即可。

4 在器皿的空白處，以巧克力醬畫上線條。

5 在步驟**1**上，依序疊上步驟**3**＆步驟**2**成品。

蘋果

草莓

八朔柑橘&蜜柑

chapitre 4

hiver

〔冬天的水果〕

冬季的水果，有著我們抵禦寒冬不可或缺的富豐維他命C。
在日本，配合耶誕節及情人節，對草莓的需求量也爆增。
在這個既寒冷又浪漫時節裡，草莓點心是絕對不可或缺的！

雖然一整年都買得到蘋果，但秋天開始至冬季才是蘋果的產季。其中耐煮不易碎，且帶有酸度的紅玉最常被用來製作甜點。挑選時，請挑大小適中，且富有重量感的蘋果。保存方法為放入保鮮袋後，以冰箱冷藏保存。如果倒放，蘋果會釋放出乙烯，導致快熟甚至損傷，須特別留意。

〔產期〕

1月	2月	3月	4月	5月	6月	7月	8月	9月	10月	11月	12月

冬天的水果 1

蘋果

pomme

Ravioli aux pommes, sauce à la patate douce

蘋果小方餃佐地瓜泥

以包小方餃的方式包裹蘋果果泥，是一道好似餃子料理的甜點。
雖然喜歡蘋果＋地瓜的組合，但地瓜的份量若過多，味道就會顯得平庸，
因此在這道甜點中，只重點性地少量使用。
而和蘋果及地瓜都很合拍的香草百滙，
為了裝盤時向上堆疊時的穩定度，
加入了吉利丁提高結構的強度。

Ravioli à la pomme

蘋果小方餃

材料 8至10人份

A
- 粗粒小麥粉 Semoule……120g
- 米粉 farine de riz……40g
- 鹽 sel……3g

全蛋 œufs……80g

水 eau……8g

橄欖油 huile d'olive……10g

手粉（高筋麵粉） farine foirte……適量

全蛋 （黏著用） œufs……適量

蘋果泥〈參考P.179〉 compote de pomme……全量

作法

1

混合**A**料後過篩，置於工作檯上。中間作出凹槽，放入全蛋，以刮刀把周圍的粉類向中間集中，以切拌的方式混合均勻。

2

變成碎塊後，加入水，再以同樣方式混合，再加入橄欖油，拌勻。

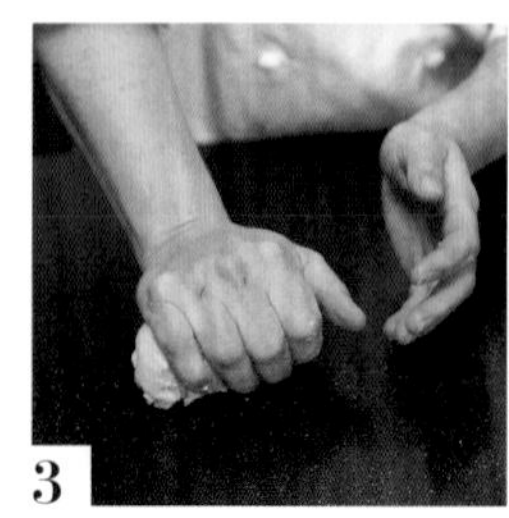

3

待麵團變成有如小石頭般的顆粒狀後，以手揉成一個完整的團塊，從靠近操作者這側向下壓，揉整麵團。待泛白的區塊都消失後，整成一個圓球形，以保鮮膜包覆後，夏天置於常溫，冬天則置於冰箱冷藏1小時左右。

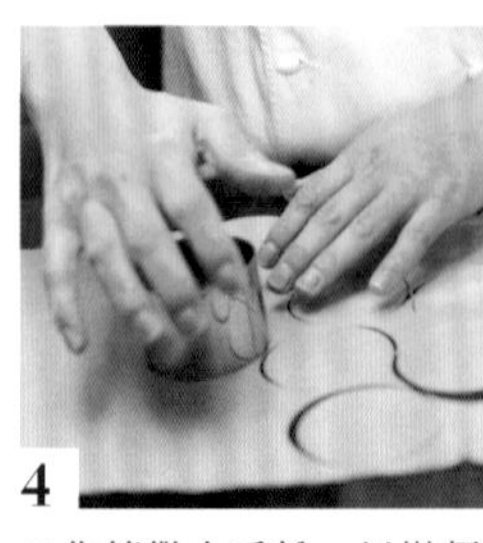

4

工作檯撒上手粉，以擀麵棍把麵團擀成1至2mm厚，再以直徑6cm的慕絲圈切割備用。

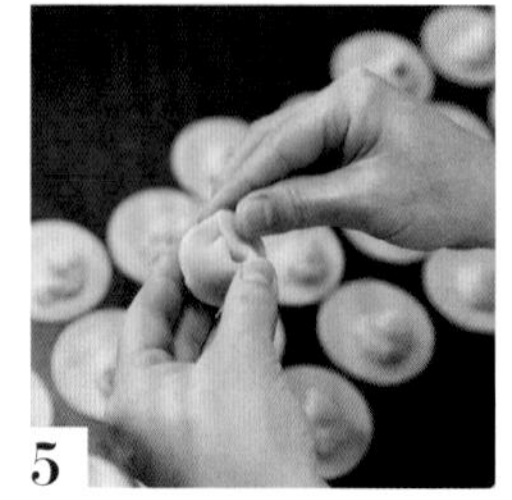

5

將黏著用蛋液摻入適量的水，以刷子刷在麵皮表面上，中央擠上4g的蘋果泥。將麵皮對摺後，兩端黏合在一起。

Compote de pomme

糖煮蘋果

材料　8至10人份

地瓜 patate douce……50g

蘋果（紅玉） pomme (Kogyoku)……1個

A | 蘋果汁（100%） jus de pomme……80g
　| 萊姆汁 jus de citron……15g
　| 細砂糖 sucre……20g
　| 奶油 beurre……20g

作法

1
地瓜以烤箱烤至中間熱透，帶皮切成5mm小塊。

2
蘋果去皮後切成5mm小塊，放入鍋裡加進**A**料，加熱同時攪拌，以避免煮焦。

3
待蘋果煮透、水分蒸散後，將其中約一半份量以手持式食物處理器打成泥。

4
加入地瓜，再稍微煮一下同時拌勻後，放涼散熱。

Sauce à la patate douce

地瓜醬汁

材料　4至5人份

地瓜 patate douce……35g

牛奶 lait……50g

鮮奶油（35%） crème liquide 35% MG……50g

三溫糖 sucre roux……10g

作法

1
地瓜帶皮以烤箱烤至熟透後，去皮。

2
調理盆裡放入步驟**1**及其他材料，以手持式食物處理器攪拌至質地變得柔滑。

3
步驟**2**材料倒入平底鍋內，煮至沸騰即可熄火。

Pomme marinée

醃漬蘋果

材料　4至5人份

蘋果（紅玉） pomme (Kogyoku)……1/2個

A
- 糖漿（細砂糖和水的比例為1：2，煮沸溶化後冷卻的成品） sirop……40g
- 萊姆汁 jus de citron……5g
- 葡萄乾 raisin noir secs……適量

作法

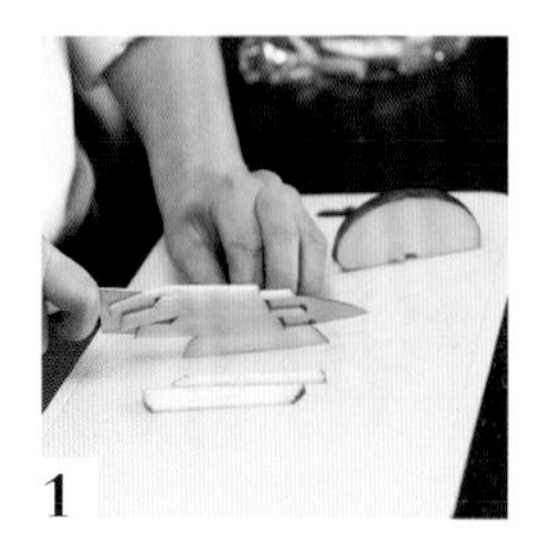

1
蘋果洗淨，帶皮切成細絲。

2
調理盆裡放入**A**料及蘋果絲後混合拌勻，以保鮮膜加蓋後，放入冰箱冷藏至醃漬入味。

Parfait à la vanille

香草百滙

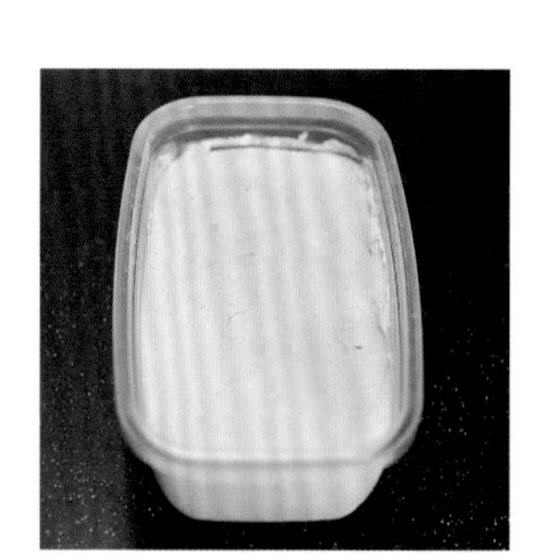

材料　4至5人份

A
- 蛋黃 jaunes d'œufs……50g
- 細砂糖 sucre……40g
- 牛奶 lait……34g
- 香草莢 gousse de vanille……1/8根份

吉利丁片 gélatine en feuille……1g

鮮奶油（35%） crème liquide 35% MG……100g

作法

1
吉利丁片以冰水泡軟。

2
製作沙巴雍（Sabayon,義式甜醬）。鋼盆裡放入**A**後隔水加熱，以打蛋器攪拌同時加熱至60℃左右。

3
盆內質地變得濃稠後，移開熱水，放入已擰去多餘水分的吉利丁片，均勻攪拌至溶化，再以攪拌器攪拌散熱。

4
鮮奶油打至八分發（撈起時呈彎鉤狀），再和步驟3快速混合。倒入保鮮盒內，放入冷凍庫冷藏固定。

〚 組合・裝盤 〛

材料 裝飾用

蘋果片* chips de pommes……1人份2片

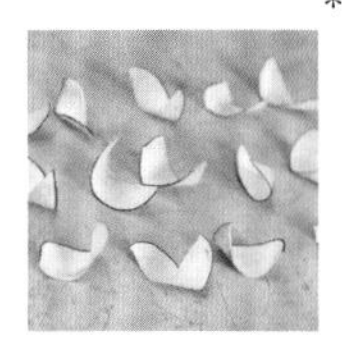

* 蘋果帶皮切成1mm以下的半月形薄片，切除果核及籽的部位。浸泡於同糖漬蘋果〈P.180〉的A中。待完全滲透後，瀝去多餘水分，排列於鋪好烘焙紙的烤盤上，以100℃烤箱烤2小時，烤至乾燥，出爐後趁熱扭轉成形。

1 鍋裡煮滾水，放入小方餃煮2至3分鐘。

2 地瓜醬汁以平底鍋加熱，放入瀝去多餘水分的步驟**1**，均勻沾附醬汁，再盛入裝盤用的器皿裡。

3 在步驟**2**上，依序放上糖漬蘋果、一球橢圓形的百滙，並將2片蘋果片插在百滙上。

Soufflé à la pomme et crème glacée au caramel gingembre

蘋果舒芙蕾佐 焦糖生薑冰淇淋

這是一道冬季的定番甜點——蘋果風味的舒芙蕾。
挖空果肉，以蘋果的外皮替代杯子，連同營養豐富的果皮一起享用。
由於果皮含有水分，舒芙蕾膨脹的程度會比一般器皿製作時小，
但由果皮的酸、焦糖冰淇淋的甜苦及生薑的香氣所共譜的美味協奏曲，
是這道甜品獨特的好滋味。

Soufflé à la pomme

蘋果舒芙蕾

材料 8至10人份

蘋果（紅玉） pomme (Kougoku)……2個

A
- 蛋黃 jaunes d'œufs……12g
- 玉米粉 fécule de maïs……2g
- 肉桂粉 poudre de cannelle……0.2g

白蘭地 brandy……3g

B
- 蛋白 blancs d'œufs……30g
- 三溫糖 sucre roux……15g

海綿蛋糕〈參考P.184〉 pâte à génoise……4片

作法

1

蘋果帶皮對半橫切，以保鮮膜包起後，微波加熱（1000W）1分鐘。待周圍稍微變軟後取出，利用餘熱熱透蘋果。

2

蘋果從外皮向內距離5至7mm的位置入刀一圈，以湯匙挖空果肉，去掉果核及籽，以蘋果皮作為容器（去除果核時，底部挖出的洞愈小愈好）。

3

取60g果肉以手持式食物處理器打成偏粗的果泥，再放入鍋子加溫。

4

調理盆裡放入**A**料，以打蛋器攪拌混勻。倒入半量的步驟**3**拌勻，再倒回鍋內，加熱的同時不間斷地攪拌。待質地變得黏稠後離火，倒回調理盆內，加入白蘭地。

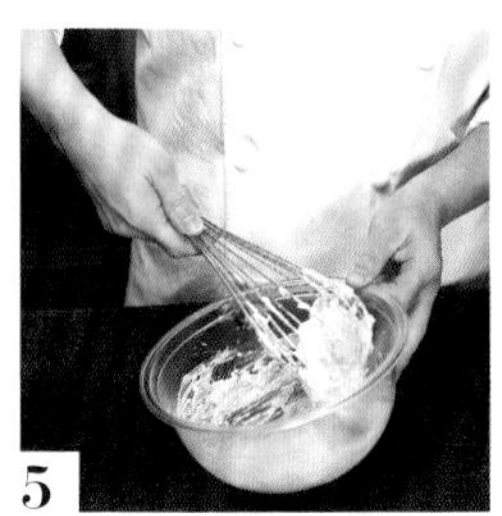

5

另取一調理盆放入**B**料，以電動攪拌器拌勻，打出質地堅挺緊實的蛋白糖霜。步驟**4**趁熱分成3次加入，再以打蛋器攪拌均勻。

6

在蘋果皮的底部墊上烘焙紙，放在烤盤上。果皮內底部放上海綿蛋糕、步驟**5**的舒芙蕾餡，擠入時請避開果皮邊緣，盡量隆起成小山丘形狀。

7

放入預熱至150℃的烤箱，烘烤18分鐘。

Pâte à génoise
海綿蛋糕

材料　30×40cm的烤盤1片（50人份）

A | 全蛋 œufs……120g
　| 細砂糖 sucre……54g
　| 蜂蜜 miel……10g
低筋麵粉 farine faible……67g
牛奶 lait……25g

作法

1
鋼盆裡放入**A**料，以電動攪拌器打發，至撈起後呈緞帶般垂落的質地即可。

2
過篩後的低筋麵粉慢慢倒入步驟**1**內，同時以矽膠抹刀攪拌均勻，再加入牛奶，迅速拌勻。

3
在鋪上烘焙紙的烤盤（30cm×40cm）中，倒入步驟**2**的麵團後整平表面，在工作檯由上向下地震出多餘空氣。

4
放入預熱至180℃的烤箱，烘烤15分鐘左右，出爐後放置冷卻。以直徑5cm的慕絲圈切下備用。

Crème glacée au caramel
焦糖冰淇淋

材料　6人份

細砂糖 sucre……50g
鮮奶油（38%） crème liquide 38% MG……50g
牛奶 lait……150g
生薑 gingembre……12g
蛋黃 jaunes œufs……40g
細砂糖 sucre……20g

作法

1
平底鍋內撒上50g的細砂糖後點火加熱，鍋內變成焦糖色後，倒入鮮奶油混合均勻。再加入牛奶及切成細絲的生薑後，一起溫熱。

2
調理盆裡倒入蛋黃後打散，加入20g的細砂糖後以打蛋器攪拌均勻。倒入步驟**1**後拌勻，再倒回平底鍋裡以中火加熱，一邊攪拌，一邊加熱至83℃。

3
倒入鋼盆裡，盆底接觸冰水散熱冷卻，覆蓋保鮮膜後，置於冰箱冷藏1天。

4
過篩後，倒入冰淇淋機裡製作成冰淇淋。

Sauce au caramel gingembre

焦糖薑汁

材料 便於操作的份量

細砂糖 sucre……50g

水 eau……80g

生薑 gingembre……10g

作法

1
將細砂糖放入平底鍋後加熱，煮成焦糖色之後倒入水，並攪拌混合。

2
加入切成細絲的生薑後，溫熱一下，過篩備用。

〖 組合・裝盤 〗

材料 裝飾用

糖粉 sucre glace……適量

1 在裝盤用的器皿裡，以焦糖薑汁畫線，再放上些許弄碎的海綿蛋糕，作為冰淇淋的固定止滑用。

2 舒芙蕾烘烤15分鐘後，盛一球橢圓形的焦糖冰淇淋，放在步驟**1**的海綿蛋糕的位置上。舒芙蕾出爐後盛於器皿，撒上糖粉。

冬天的水果 2

草莓

fraise

露天栽種的草莓，產季為3至4月；但因應耶誕節或情人節的大量需求，即使在冬天也看得見溫室栽培的草莓。擁有可愛的外形，又甜又酸、備受喜愛的草莓，也時常被運用於製作甜點。挑選時，請選擇表皮顏色分佈平均、飽滿有光澤、蒂頭為鮮綠色，且尚未乾燥的草莓品質較好。天性怕水，要使用的前一刻再水洗清潔。極容易受傷，請盡早食用完畢。若非即時調理的草莓，可先放入冷凍保存。

〔產期〕

1月 2月 3月 4月 5月 6月 7月 8月 9月 10月 11月 12月

Tarte chocolat / fraise

巧克力派佐草莓

這是針對情人節所設計的甜品。
以巧克力為主角，搭配使用大量新鮮草莓的冰沙及果醬，
品嚐起來甜而不膩，可將巧克力的苦味發揮得恰到好處。
香脆的巧克力酥餅&口感豐潤的巧克力派相輔相成，
再搭配上新鮮草莓作裝飾，酸甜好味，令人難忘……

Sablé au chocolat

巧克力酥餅

材料　12人份

奶油 beurre……95g
糖粉 sucre glace……50g
全蛋 œufs……20g
杏仁粉 poudre d'amande……15g

A
低筋麵粉 farine faible……100g
高筋麵粉 farine forte……23g
可可粉 poudre de cacao……15g

作法

1 奶油在室溫下軟化後，攪拌成乳霜狀，加入糖粉後拌勻。依序加入打散的蛋液、杏仁粉，並以矽膠抹刀攪拌均勻。

2 加入過篩後的**A**料，以切拌的方式拌勻，再整成一個完整的麵團。

3 在鋪好烘焙紙的烤盤上，散放捏成小塊步驟**2**，放入預熱至150℃的烤箱，烘烤15分鐘左右，出爐後置於烤盤上散熱冷卻。

Appareil à tarte chocolat

巧克力派

材料　10人份

A
調溫黑巧克力 couverture chocolat noir……100g
可可膏 pâte de cacao……50g

牛奶 lait……120g
法式酸奶油 crème fraiche……150g
全蛋 œufs……60g

作法

1 在調理盆裡放入**A**料，隔水加熱融化。加入煮至沸騰的牛奶後混合均勻，加入法式酸奶油後，散熱至50℃左右。

2 全蛋打散後過篩，加入步驟**1**攪拌均勻。

3 直徑6.5cm的慕絲圈底部鋪上烘焙紙後，放在烤盤上。把步驟**2**的巧克力醬擠入模型內約1cm高，輕輕將烤盤向下震出多餘空氣。

4 將步驟**3**放入預熱至200℃的烤箱，熄火靜置10分鐘，以餘熱烘烤。稍微搖晃，若中央沒有出現皺紋即表示完成。放涼後，取下慕絲圈，再放入冷凍庫冰鎮。

Crème chocolat / praliné

巧克力堅果醬

材料　5人份

調溫黑巧克力 couverture chocolat noir……30g
堅果醬 praline……20g
鮮奶油（45%） crème liquide 45% MG……120g

作法

1
調理盆裡放入調溫黑巧克力及堅果醬，隔水加熱融化。

2
鮮奶油打至八分發（撈起時前端呈彎鉤狀），倒入步驟**1**裡混合均匀。放入冰箱冷藏固定。

Sorbet à la fraise

草莓冰沙

材料　8人份

牛奶 lait……100g
細砂糖 sucre……40g
麥芽糖 glucose……40g
草莓 fraise……200g
萊姆汁 jus de citron…… 4g
草莓蒸餾酒 eau de vie de fraise……7g

作法

1
鍋裡放入牛奶、細砂糖、麥芽糖後，煮至沸騰後熄火，放涼冷卻。

2
將草莓、萊姆汁、蒸餾酒放入容器中，以手持式食物處理機攪拌成水果泥。

3
調理盆裡放入步驟**1**、**2**，混合均匀。再倒入冰淇淋機裡，製作成冰沙。

Tuile chocolat au lait

牛奶巧克力瓦片

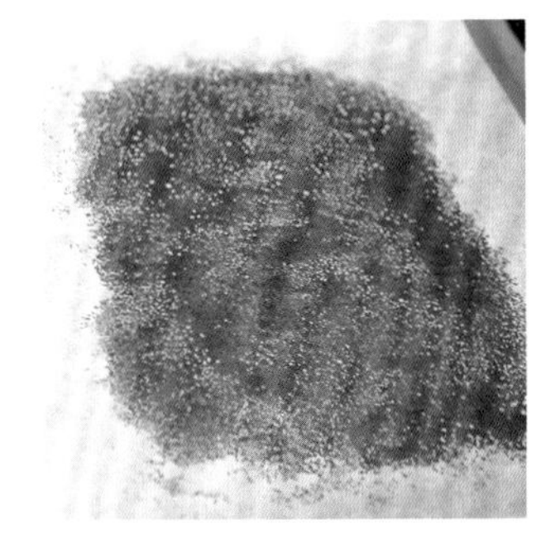

材料　便於操作的份量

A
細砂糖 sucre……120g
水 eau……40g
麥芽糖 glucose……100g

調溫牛奶巧克力 couverture chocolat au lait……100g

作法

1
鍋裡放入**A**料，加熱至150℃並煮至濃縮，倒入調溫巧克力後攪拌均勻。

2
將步驟**1**薄塗於烘焙墊上，放涼冷卻。

3
待步驟**2**冷卻後，磨成粉末狀。烤盤鋪上烘焙墊後，撒上巧克力粉直至看不見底部的烘焙墊。

4
烤箱預熱至220℃，放入步驟3後熄火，靜置8至10分鐘，以餘熱融化巧克力粉。

5
出爐後覆蓋上烘焙紙，上下翻面，再放涼冷卻。

6
撕下烘焙墊，剝成大塊。

〖組合・裝盤〗

材料 裝飾用

巧克力醬 sauce au chocolat……適量
草莓 fraise……適量
草莓醬*1 sauce à la fraise……適量
巧克力裝飾片*2 décor en chocolat……適量

*1 草莓以手持式食物處理器打成果泥狀後，隨喜好加入細砂糖，再和切成小塊的草莓混合而成。

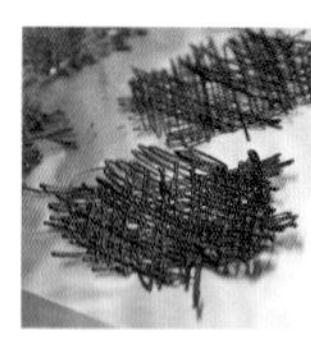

*2 以廚房蠟紙作成圓筒狀，裝入調溫黑巧克力後，在玻璃紙上擠出直線、斜線交錯的圖樣，待冷卻變硬即可形成片狀巧克力。

1 巧克力派解凍備用。裝盤用的器皿中央擺放直徑8cm的慕絲圈，中央擠上些許止滑用巧克力醬。

2 巧克力醬上，鋪滿碎巧克力酥餅，約5mm高。再疊上已解凍的巧克力派。

3 各挖一球橢圓形的冰沙及巧克力堅果醬，盛在步驟2上，再堆疊上切成5mm厚的新鮮草莓片，增添視覺上的豪華效果，並取下慕絲圈。

4 周圍以草莓醬點綴，再將巧克力裝飾片&牛奶巧克力瓦片裝飾於冰沙和堅果巧克力醬上。

Cadeaux de Noël

聖誕禮物

聖誕節早上一起床，就可以看到在聖誕樹底下滿滿的禮物！
想以甜點將這份幸福表現出來，便設計了聖誕節華麗的配色，
以巧克力蛋糕搭配開心果巴巴露亞，
再加上櫻桃蒸餾酒的慕絲製作了迷你聖誕樹，
下面擺放冰沙、醬汁、新鮮莓果類的水果，就像禮物般帶來驚喜！

Cake au chocolat
巧克力蛋糕

材料 15cm正方形慕絲圈1個（15人份）

奶油 beurre……37g
細砂糖 sucre……27g
全蛋 œufs……37g
杏仁粉 pouder d'amande……10g
榛果粉 poudre de noisette……4g
牛奶 lait……3g
A 低筋麵粉 farine faible……17g
可可粉 poudre de cacao……17g
蛋白 blancs d'œufs……44g
細砂糖 sucre……16g

作法

1
奶油於室溫下軟化，攪拌成乳霜狀，加入細砂糖以打蛋器攪拌混合，拌入空氣。

2
慢慢倒入全蛋後拌勻，再依序加入杏仁粉、榛果粉、牛奶、混合過篩後的**A**料，每加入一樣材料都要攪拌均勻。

3
製作蛋白糖霜。蛋白打發起泡後，加入細砂糖，繼續打發至撈起後前端呈彎鉤狀。取少量蛋白糖霜加入步驟**2**裡，將剩餘的份量分兩次加入，以矽膠抹刀迅速拌勻。

4
將慕絲圈放在已鋪好烘焙紙的烤盤上，再倒入步驟**3**。放入預熱至180℃的烤箱，烘烤約10分鐘。出爐後取下慕絲圈，在烤盤上放涼散熱。

Cranky noisette
巧克力榛果脆片

材料 15人份

調溫牛奶巧克力 couverture chocolat au lait……50g
榛果膏 pâte de noisette……9g
脆麥片 royaletine……44g

作法

1
將調溫巧克力及榛果膏放入調理盆中，隔水加熱攪拌融化。

2
加入脆麥片後拌勻。

3
將15cm正方形的慕絲圈放在平坦的淺盆中，中央放入巧克力蛋糕〈參考上述〉，再鋪上平整的步驟**2**，並放入冰箱冷藏固定。

Ganache
甘納許

材料 15人份

調溫黑巧克力 couverture chocolat noir……66g
鮮奶油（38%） crème liquide 38% MG……66g

作法

1
鋼盆裡放入調溫巧克力，再倒入煮沸的鮮奶油，以矽膠 刀攪拌至質地柔滑。

2
倒在巧克力棒果脆片上〈參考上述〉，放入冰箱冷藏固定。

Bavaroise à la pistache
開心果巴巴露亞

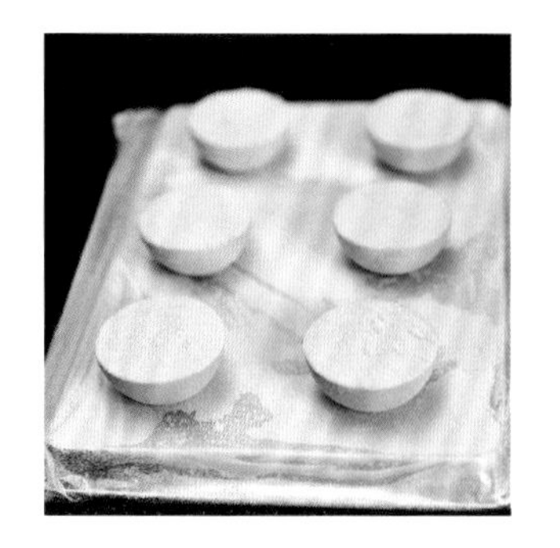

材料 直徑4cm的半球形矽膠模型（Flexipan）20個份

牛奶 lait……100g
開心果 pistache……9g
蛋黃 jaunes d'œufs……20g
細砂糖 sucre……20g
吉利丁片 gélatine en feuille……2.5g
開心果膏 pâte de pistache……15g
鮮奶油（38%）crème liquide 38% MG……150g

巧克力噴槍用
調溫白巧克力 couverture chocolat blanc……150g
可可脂 beurre de cacao……150g
巧克力用綠粉 colorant vert……7.5g

* 若將冷卻的巧克力放入噴槍裡可能會凝固，所以要先把巧克力加熱到45℃至50℃左右，再裝入噴槍裡。

作法

1 吉利丁片以冰水泡軟備用。鍋裡放入牛奶及切碎的開心果，溫熱至80℃左右。

2 調理盆裡放入蛋黃及細砂糖後攪拌均勻。放入步驟1一半份量的牛奶後拌勻，再倒回鍋內，全部混合拌勻。開中火加熱，並以矽膠抹刀持續攪拌至83℃。

3 煮至以扁杓撈起，畫一條線，線很明顯的濃度，即表示完成。進行過篩。留在濾網裡的開心果也要壓扁，擠出濃縮的精華。

4 趁熱加入擰去水分的吉利丁片、開心果膏，混合拌勻，再以手持式食物處理器攪拌成柔滑的質地。盆底接觸冰水，以矽膠抹刀攪拌至溫度降為15℃至16℃。

5 鮮奶油打至八分發（撈起後呈彎鉤狀），和步驟4混合。

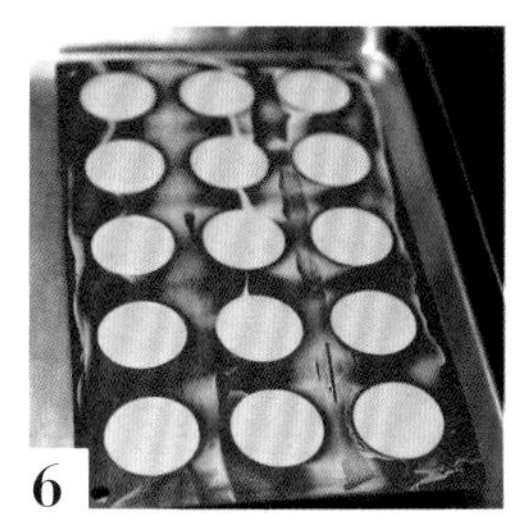

6 擠入直徑4cm的半球形矽膠模型（Flaxipan）中，以奶油抹刀抹去多餘的巴巴露亞後整平。放入冷凍庫裡冰凍固定。

7 把巧克力噴槍用的材料全部放進耐熱容器裡，以隔水加熱或微波爐加熱融化後，過篩備用。

8 把步驟6的巴巴露亞從模型裡取出，放在薄板上，圓弧面朝下整齊排列。以瓦愣紙箱圍住四周，以防止噴濺。步驟7放入巧克力噴槍裡，噴灑在巴巴露亞上*。

Sorbet à la fraise

草莓冰沙

材料　10人份

A | 水 eau……200g
細砂糖 sucre……66g
麥芽糖 glucose……66g

草莓 fraise……280g
細砂糖 sucre……50g
萊姆汁 jus de citron……50g

作法

1
鍋裡放入**A**，一邊攪拌，一邊煮至融化。倒入鋼盆裡，盆底接觸冰水散熱冷卻。

2
混合草莓、細砂糖、萊姆汁，以手持式食物處理器攪拌成果泥。

3
將步驟**2**倒入步驟**1**中拌勻，再倒入冰淇淋機裡，製作成冰沙。

Mousse au kirsch

櫻桃蒸餾酒慕絲

材料　30人份

牛奶 lait……150g
水 eau……50g

A | 細砂糖 sucre……10g
甜點用凝固粉* gelée dessert……16g

櫻桃蒸餾酒 kirsch……18g

作法

1
鍋裡放入牛奶及水，加熱至80℃左右。熄火，加入混合好的**A**料，仔細拌勻。

2
倒入鋼盆裡，盆底接觸冰水散熱冷卻。

3
加入櫻桃蒸餾酒，盆底持續接觸冰水，同時以電動攪拌器打至七分發（撈起滴落時可在盆內畫出明確的線條），在變硬前擠出使用。

* 法國製的粉末狀凝固劑。效果比使用吉利丁來得軟綿，可以直接加於材料當中，相當方便操作。

Sauce à la framboise

覆盆子醬

材料　便於操作的份量

覆盆子泥　purée de framboise……100g
細砂糖 sucre……10g

作法

1
鍋裡放入所有材料後加熱至沸騰，讓砂糖完全溶化，熄火後直接放涼。

[組合・裝盤]

＊ 草莓保持蒂頭切片，擺放出奢華的份量感。以4mm至5mm的間隔切片（不切斷），斜面擺上，露出切面。

材料 裝飾用

巧克力片（直徑5cm的圓形） plaquette chocolat……1人份1片
金箔 feuille d'or……適量
草莓、藍莓、覆盆子等莓果類 fruits rouges……適量
糖粉 sucre glace……適量

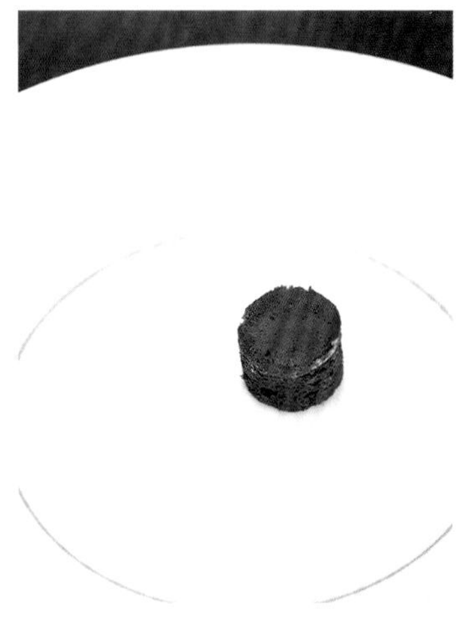

1 將巧克力蛋糕、巧克力榛果脆片、甘納許依序重疊，冷凍的材料以直徑5cm的圓形壓模壓好，解凍備用。

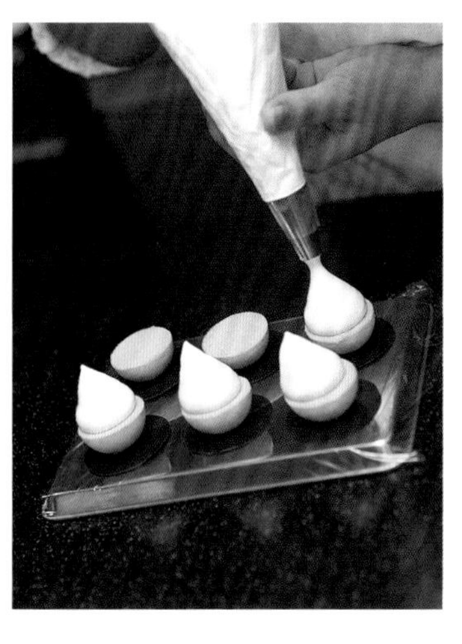

2 在巧克力片上，擺放噴砂完成的開心果巴巴露亞。將櫻桃蒸餾酒慕絲填入裝有1.1cm圓形花嘴的擠花袋，在巴巴露亞上擠出小山丘形。

3 以手指沾取金箔，輕輕吹氣讓全箔自然散布在表面。

4 把莓果類裝飾切盤*，和步驟1一起搭配放置在裝盤用的器皿上。再將草莓切成小碎塊，作為冰沙的固定位置用。

5 在器皿空白的2至3處，隨意淋上的覆盆子醬。

6 步驟3疊放於步驟1上方。取一球橢圓形的冰沙放在固定用碎草莓上，最後再撒上糖粉。

Courronne de Noël

聖誕花環

恰如其名，這是一道以聖誕花環為外型發想的甜點。
將適口性極佳、廣受喜愛的泡芙烤成圓圈狀，製成花環基底，
中間填滿了草莓冰淇淋。
看似簡單的步驟，裝盤時卻花了不少功夫，極具視覺美感。
挑選品質較佳的義大利香醋，即可創造出更有深度好滋味。

Pâte à choux

泡芙

材料 直徑8×高1.5cm的慕絲圈7至8個份

A
- 牛奶 lait……100g
- 水 eau……100g
- 奶油 berre……90g
- 細砂糖 sucre……8g
- 鹽 sel……4g

低筋麵粉 farine faible……120g
全蛋 œufs……200g

作法

1
鍋裡放入**A**加熱。沸騰後熄火，加入過篩後的低筋麵粉，以矽膠抹刀快速拌勻。

2
整成一個完整的麵團塊後，再次點火加熱，蒸發多餘水分，鍋底形成一層薄膜後，即可倒入調理盆內。

3
慢慢倒入打散的蛋液，攪拌均勻。

4
在鋪有烘焙紙的烤盤上，放好直徑8×高1.5cm的慕絲圈。以裝有11mm花嘴的擠花袋，在慕絲圈內側擠出步驟3成圓圈狀。以噴霧器在表面噴水，完成後以手指調整一下形狀。

5
放入預熱至180℃的烤箱，烘烤35分鐘左右，出爐後放涼。

Marmelade de fraise

草莓果醬

材料 便於操作的份量

草莓 fraise……250g
細砂糖 sucre……25g
奶油 beurre……10g

作法

1
草莓切成7至8mm小塊。

2
鍋裡放入草莓、細砂糖、奶油，點火加熱，煮至縮汁＆水分揮發。

3
倒入鋼盆裡，盆底接觸冰水散熱冷卻便完成了草莓果醬。

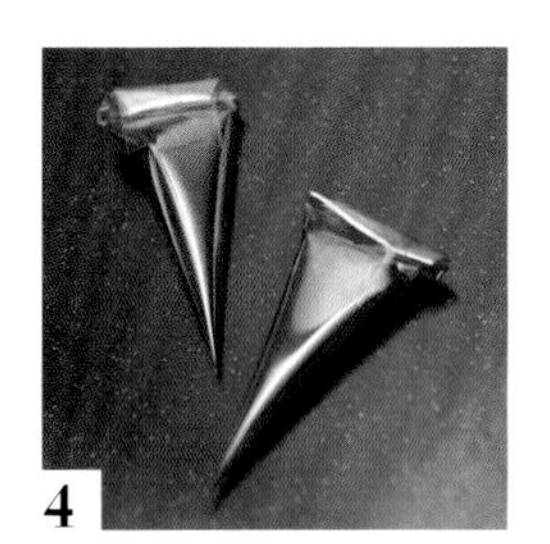

4
取80g預留為草莓冰淇淋〈P.198〉使用，剩下的裝入以玻璃紙作成的號角形擠花袋，為裝飾時使用。

Crème glacée à la fraise

草莓冰淇淋

材料　8人份

草莓 fraise……200g
麥芽糖 glucose……8g
蛋黃 jaunes d'œufs……20g
細砂糖 sucre……50g
牛奶 lait……50g
鮮奶油（38%）
crème liquide 38% MG……50g
草莓果醬〈參考P.197〉……80g

作法

1 草莓以手持式食物處理器拌碎成果泥。倒入鍋裡加入麥芽糖，加熱至60℃至70℃使麥芽糖融化。若溫度太高可能會使草莓變色。

2 調理盆裡放入蛋黃及細砂糖後打散，再加入牛奶及鮮奶油後攪拌均勻。倒入一半份量的步驟**1**混勻，再倒回鍋內全部拌勻。以中火加熱，同時以矽膠抹刀持續攪拌，使溫度升至83℃。

3 以矽膠抹刀撈起，若以手指能畫出清楚的線條，表示濃縮程度已完成。倒入鋼盆裡，再攪拌成質地滑順均勻。盆底接觸冰水散熱冷卻，倒入冰淇淋機裡。完成後再放入草莓果醬，攪拌均勻。

＊ 日本國產的草莓比其他國家產的草莓顏色較淡，加熱後草莓的色澤會褪去不少，因此加入草莓果醬，作為補色之用。

Sauce à la fraise

草莓醬汁

材料　便於操作的份量

冷凍草莓（整顆） faise sugelée……250g
細砂糖 sucre……38g
萊姆汁 jus de citron……15g
A　細砂糖 sucre……12g
　　NH果膠粉 pectine NH……1g

作法

1 把冷凍草莓放入耐熱容器裡，自然解凍後加入細砂糖、萊姆汁，以保鮮膜包覆，並以小火隔水加熱*。

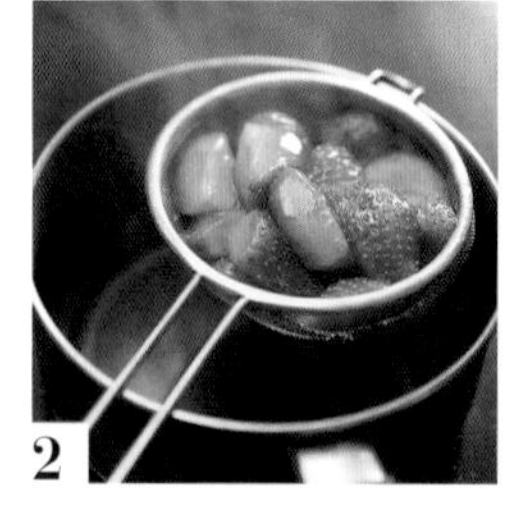

2 待草莓開始褪色後，以濾網撈起（不要弄碎草莓），可以就這樣靜置半天，讓果汁完全滴落乾淨。

3 果汁倒入鍋裡後加熱，沸騰後加入混合好的**A**料。

＊ 以真空調理的作法：在真空袋裡放入冷凍草莓、細砂糖、萊姆汁後，以真空機抽去袋內空氣，再放入90℃的蒸氣烤箱，加熱20分鐘左右，使果汁完全滲出。

Crème chantilly

發泡鮮奶油

材料　6人份

鮮奶油（35%） crème liquide 35% MG……100g

糖粉 sucre glace……10g

香草莢 gousse de vanille……1/8根份

作法

1

調理盆裡放入所有材料後打發至5至6分（撈起後滴落的鮮奶油痕跡隨即消失的程度）。

Fraise poêlées

香煎草莓

材料　4至5人份

草莓 fraise……6粒

細砂糖 sucre……20g

水 eau……12g

義大利香醋 vinaigre de balsamique …… 18g

作法

1

在裝盤的前一刻才開始製作。先去除草莓的蒂頭。平底鍋裡撒上細砂糖後加熱，變成淡焦糖色後加水，使之混合溶化。

2

加入義大利香醋拌勻，再加入草莓，動作迅速地讓焦糖均勻包覆草莓。

〚組合・裝盤〛

材料 裝飾用

草莓 fraise……適量
覆盆子 framboise……適量
藍莓 myrtille……適量
白巧克力片* plaquette chocolat blanc……1人份1片
金箔 feuille d'or……適量

* 把經過調溫後的白巧克力薄塗於玻璃紙上，在凝固前以直徑9cm及4cm的慕絲圈切出圓圈形狀。

1 將裝飾用草莓切成對半、4等分、7mm小塊狀。覆盆子和藍莓則取一半份量對半切開後備用。

2 在白巧克力片上擠出草莓果醬後，再整齊地擺上步驟**1**豐富的莓果，並放入冰箱冷藏。

3 泡芙從底部向上算1.5至2cm左右，切開上部後，再以刀子把中央的氣泡膜切除。將草莓冰淇淋填入裝有11mm的圓形花嘴的擠花袋，擠在泡芙中央。

4 在裝盤用的器皿裡，以鍋內剩餘的香煎草莓所留下的醬汁畫出線條，再擺上步驟**3**的泡芙。

5 以發泡鮮奶油填滿泡芙，然後重疊上步驟**2**。

6 器皿的空白處放上香煎草莓，再視整體的比例點上草莓醬汁。

從冬天到春天這段時期有許多不同種類的柑橘類，從這當中挑選出兩種口味調性相仿的來製作甜點。金黃的八朔柑橘及橙黃的蜜柑，味道契合，顏色也很協調。而容易購得的溫州蜜柑，體型嬌小外皮細薄，外皮和果肉之間沒有不均勻的空隙，是最為上好的品質。八朔柑橘帶有酸味及輕微苦味，只要先預設好甜點的味道，再著手調整份量比例即可。

〔產期〕

1月 2月 3月 4月 5月 6月 7月 8月 9月 10月 11月 12月

冬天的水果 3

八朔柑橘＆蜜柑

Hassaku et clémentine

Une sphère d'agrumes et cacahouètes

柑橘花生絲費爾

柑橘和花生是令人意外的美味組合。
絲費爾（Sphère）為球體之意，
其中的慕絲球作法，是先在半球形中央放入花生舒芙蕾及烘烤過的柑橘，
再和另一個半球形相連而成。
直接使用柑橘，可吃進當季的新鮮美味。
奶泡慕絲則為融合味道之用。
將奶泡慕絲完整淋上後，這道甜品的口感及酸甜滋味達成協調完美。

Soufflé à la cacahouète

花生舒芙蕾

材料 直徑5cm的矽膠模型Flexipan 10個（10人份）

牛奶 lait……90g

蛋黃 jaunes d'œufs……43g

細砂糖 sucre……10g

低筋麵粉 farine faible……10g

花生醬 beurre cacahouète……70g

A | 蛋白 blancs d'œufs……60g
| 細砂糖 sucre……20g

作法

1 鍋裡放入牛奶，加熱至即將沸騰前。

2 調理盆裡放入蛋黃及細砂糖，攪拌打發至顏色變淡後，再倒入低筋麵粉。加入步驟**1**攪拌均勻，過篩後倒回鍋內。

3 以中火加熱同時攪拌，約半凝結程度即可熄火，利用餘熱將鍋內材料變成卡士達醬的質地。

4 倒入鋼盆裡，趁熱加入花生醬後攪拌均勻。若過度攪拌，會產生過多的花生油脂，因此動作須迅速且確實。

5 另取一個鋼盆放入**A**料，再以電動攪拌器打發，作出撈起時前端呈彎鉤狀的蛋白糖霜。每次取1/4份量加入步驟**4**，同時使用打蛋器以不破壞蛋白糖霜的方式攪拌均勻。

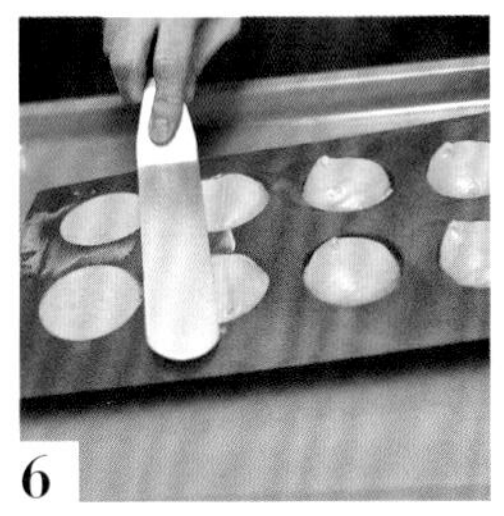

6 把步驟**5**裝入擠花袋內，擠入直徑5cm的半球形矽膠模型內，再以奶油抹刀抹平表面。

7 放入預熱至140℃的烤箱，烘烤10至15分鐘。以手指輕觸，若感覺得到彈性，即表示完成。出爐後，連同模型放入冷凍庫裡冷卻。

Mousse aux agrumes

八朔柑橘＆蜜柑慕絲

材料　直徑5cm的半球型Flexipan矽膠模型20個（10人份）

八朔柑橘及蜜柑的果汁 jus d'agrumes……400g
吉利丁片 gélatine en feuille……7g
現磨八朔柑橘及蜜柑的表皮 zeste d'agrumes râpés……合在一起為1/4個份
君度橙酒*1 cointreau……8g
A｜蛋白 blancs d'œufs……60g
　｜細砂糖 sucre……40g
鮮奶油（38%） crème liquide 38% MG……150g
花生舒芙蕾〈參考P.203〉 soufflé à la cacahouète……適量
柑橘果肉（經過烤箱烘烤過*2）agrumes cuits……適量

巧克力噴槍用
｜白巧克力 chocolat blanc……適量
｜可可脂 beurre de cacao……適量

*1　柑橘風味的利口酒。

*2　八朔柑橘及蜜柑的果肉切成3等分，排放在鋪好烘焙紙的烤盤上，撒上糖粉，放入預熱至140℃的烤箱裡，烘烤20分鐘。

作法

1
吉利丁片以冰水泡軟備用。鍋裡放入八朔柑橘及蜜柑的果汁，煮至濃縮變成200g左右。

2
把果汁倒入鋼盆裡，趁熱加入擰去水分的吉利丁及現磨果皮，攪拌均匀使吉利丁溶化。盆底接觸冰水降溫冷卻，再加入君度橙酒。

3
另取一鋼盆倒入**A**料，以攪拌器打發成撈起後前端呈彎鉤狀的蛋白糖霜。和打發成同樣程度的鮮奶油混合在後，分兩次倒入步驟**2**裡，同時攪拌均匀。

4
把步驟**3**的慕絲裝入擠花袋裡，填入直徑5cm的半球形矽膠模型Flexipan約一半高度。

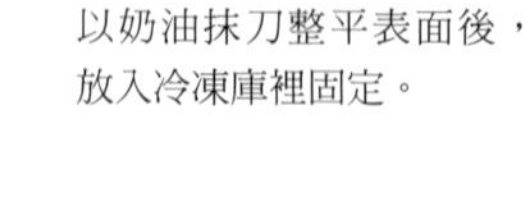

5
將半量的慕絲裡放入花生舒芙蕾，另一半的慕絲裡放入烤過的柑橘果肉約5g。以慕絲覆蓋表面，再以奶油抹刀整平表面後，放入冷凍庫裡固定。

6
取下矽膠模型，將剩餘的慕絲擠在切面上，再黏合兩個半球形，完成一個球體。

7
將噴槍用的材料等比混合，以隔水加熱或微波加熱的方式融化。將瓦愣紙箱包圍於步驟**6**的四周以防噴濺，再以巧克力噴槍在表面均匀噴砂。

Nougatine
焦糖花生片

材料　便於操作的份量

A
- 奶油 beurre……200g
- 細砂糖 sucre……200g
- 麥芽糖 glucose……200g
- 水 eau……50g

花生（切碎粗顆粒） cacahouètes hachées……200g

作法

1
鍋裡放入**A**料後煮沸，再加入花生，混合均勻，離火後放涼散熱。

2
將步驟**1**倒在鋪好烘焙墊的烤盤裡，放入預熱至180℃的烤箱，烘烤約15分鐘。烤色變成淡焦糖色即表示完成。

3
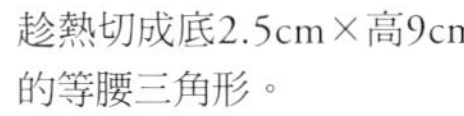
趁熱切成底2.5cm×高9cm的等腰三角形。

Crème glacée au beurre de cacahouète
花生醬冰淇淋

材料　30人份

A
- 牛奶 lait……400g
- 鮮奶油（38%） crème liquide 38% MG……40g
- 麥芽糖 glucose……30g
- 奶油 beurre……24g

蛋黃 jaunes d'œufs……110g

細砂糖 sucre……80g

花生醬 beurre de cacahouète……120g

雅馬邑白蘭地 armagnc……40g

作法

1
鍋裡放入**A**料，加熱至即將沸騰前。

2
調理盆裡放入蛋黃後打散，加入細砂糖，以打蛋器攪拌均勻。倒入**A**料混合拌勻後，再倒回鍋內以中火加熱，持續攪拌至溫度升高至83℃。

3
過篩進鋼盆裡，趁熱加入花生醬及雅馬邑白蘭地，再以手持式食物處理器攪拌混合。

4
盆底接觸冰水散熱冷卻後，倒入冰淇淋機裡制作做成冰淇淋。

Emulsion cacahouète / chocolat

花生巧克力奶泡慕絲

材料　便於操作的份量

牛奶 lait……200g
調溫牛奶巧克力 couverture chocolat au lait……30g
調溫黑巧克力 couverture chocolat noir……8g
花生醬 beurre de cacahouète……15g
濃厚鮮奶油* crème épaisse……40g

* ｜ 帶些輕微酸味的發酵鮮奶油。

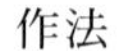

作法

1
鍋裡放入牛奶後煮沸，放入切得細碎的調溫巧克力及花生醬，仔細攪拌使全部食材完全混和。

2
加入濃厚鮮奶油，轉小火加熱。如果煮至大滾鮮奶油的酸味會被引出，請小心。

3
熄火後，以手持式食物處理器打出細緻的氣泡。

[組合・裝盤]

材料　裝飾用

八朔柑橘及蜜柑的果肉 quartiers d'agrumes……適量
糖漬八朔柑橘皮* confit de zeste de Hasaku……適量
金箔 feuille d'or……適量

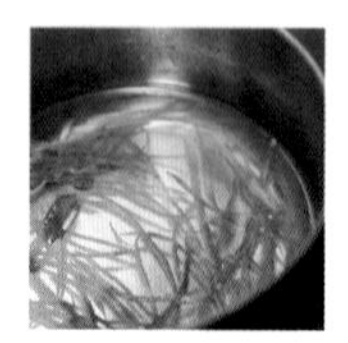

* ｜ 八朔柑橘的外皮以削皮器削成薄片後，去除白色部分，再切成細絲，稍微川燙即可。鍋裡放入200g的糖漿（水100g，細砂糖100g）和果皮，以微火加熱，待果皮變得透明後熄火放涼。

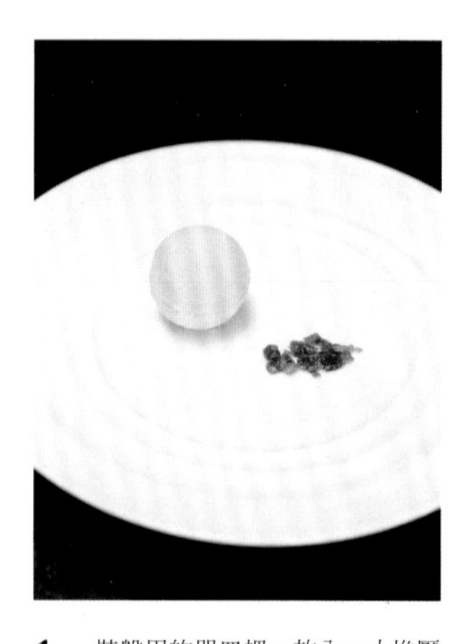

1 裝盤用的器皿裡，放入一小堆壓碎過的焦糖花生，側邊放上一球絲費爾慕絲。

2 放上一個直徑3cm的慕絲圈，在中央放入切碎的八朔柑橘及蜜柑的果肉。取下慕絲圈，再以剩下的果肉及糖漬果皮作裝飾。

3 刀子以火稍微烤過後，在絲費爾上輕輕壓出一道刀痕，插上焦糖花生片。以金箔裝飾於步驟2的果肉上，另取一個耐熱容器盛裝花生巧克力奶泡慕絲，最後將一球冰淇淋放在焦糖花生碎片上即可。

Financier d'agrumes et sorbet à la menthe

柑橘費南雪佐薄荷冰沙

法式甜點裡不可或缺的費南雪，此番以裝盤甜點的方式呈現。
有著滿滿焦化奶油的費南雪，加上以起司霜層疊出的底座，香氣濃郁十足。
搭配口感清爽的薄荷冰沙以平衡味覺。
八朔柑橘及蜜柑則使用了新鮮果肉及果醬兩種材料。
爽口中帶有微苦，可牽引出成熟風味。

financier
費南雪

材料　3×12cm的費南雪模型10個份

A｜糖粉 sucre glace……66g
　｜高筋麵粉 farine faible……24g
　｜杏仁粉 poudre d'amande……24g

蛋白 blancs d'œufs……57g

焦化奶油* beurre noisette……54g

* 奶油放入鍋子內加熱，偶爾轉動鍋子，直至奶油變焦黃。待加熱奶油的微爆聲已經停止、顏色變成咖啡色、香味散發出來後，即表示完成。為了不讓鍋子裡的餘熱繼續加溫奶油，須立刻倒入碗裡。雖然等到冷卻後才能與蛋白混合（防止蛋白結塊），但如果奶油溫度太低也會形成油水分離，請多加注意。

作法

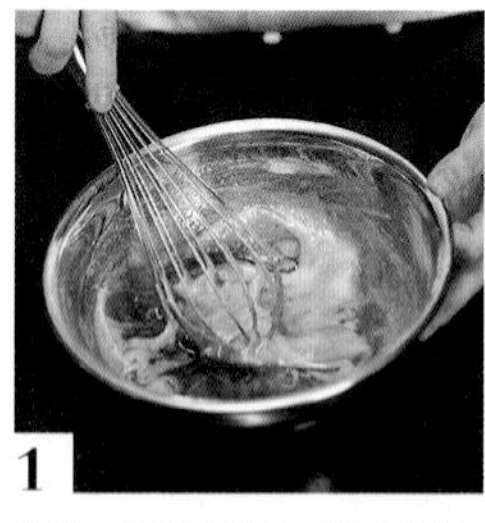

1
混合**A**料後過篩，倒入鋼盆裡。倒入蛋白，以打蛋器攪拌，再加入焦化奶油拌勻。

2
在費南雪模型裡塗上奶油（份量外），放在烤盤上，擠入步驟**1**至模型邊緣下約1至2mm的位置。將烤盤由上往下震出多餘空氣。

3
放入預熱至210℃的烤箱，烘烤約10分鐘，從模型內取出後放涼。

Confiture d'agrumes
柑橘果醬

材料　便於操作的份量

八朔柑橘 Hasaku……1個

蜜柑 clementine……1個

細砂糖 sucre……水果重量的50%

萊姆汁 jus de citrone……水果重量的10%

香草莢（二次莢） gousse de vanille usée……1根

作法

1
八朔柑橘和蜜柑帶皮川燙兩次後，切成薄片。

2
鍋裡放入步驟**1**及其他的材料，煮開。果肉變得透明後轉小火，煮至質地變得濃稠。

Crème fromage
起司霜

材料　4人份

奶霜起司cream cheese……38g

A｜現磨蜜柑皮 zeste de clementine râpé……1/8個份
　｜蜂蜜 miel……8g

鮮奶油（35%） crème liquide 35% MG……75g

作法

1
奶霜起司在室溫下軟化後，和**A**料攪拌均勻。

2
鮮奶油打至八分發（撈起後前端呈彎鉤狀）後與步驟**1**混合。

Tuile
瓦片

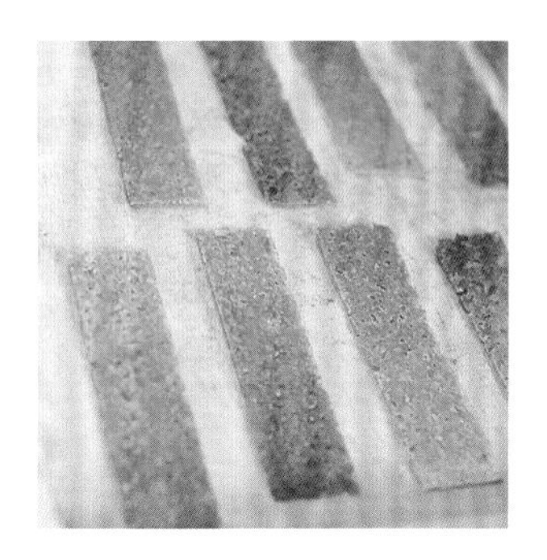

材料　10人份

柳橙汁（100%） jus d'orange……17g

細砂糖 sucre……25g

低筋麵粉 farine faible……10g

融化奶油 beurre fondu……18g

作法

1
調理盆裡放入柳橙汁，再依序加入細砂糖、低筋麵粉、融化奶油，同時攪拌均勻，再倒入鋪有烘焙墊的烤盤中。

2
放入預熱至170℃的烤箱，烘烤15分鐘左右。趁熱切成4 × 8cm的長方形，散熱冷卻備用。

Sorbet à la menthe
奶酪冰沙

材料　8人份

A｜水 eau……200g
　｜細砂糖 sucre……100g
　｜煉乳 lait concentré……20g

新鮮薄荷 menthe fraiche……5g

鮮奶油（38%）crème liquide 38% MG……30g

萊姆汁 jus de citron……25g

裝飾用的薄荷葉 feuilles de menthe fraiche……1g

作法

1
鍋裡放入**A**料後煮至沸騰，熄火加入薄荷。鍋子加蓋悶蒸15分鐘。

2
過篩進鋼盆裡，盆底接觸冰水降溫散熱。加入鮮奶油、萊姆汁後混合均勻，倒入冰淇淋機製作成冰沙。

3
裝飾用的薄荷葉切碎放入冰沙中，以手持式食物處理器混合均勻，完成後放入冷凍庫裡冷藏固定。

〚組合・裝盤〛

材料 裝飾用

八朔柑橘及蜜柑的果肉 quartiers d'agrumes……適量
薄荷葉 feuilles de menthe fraiche……適量

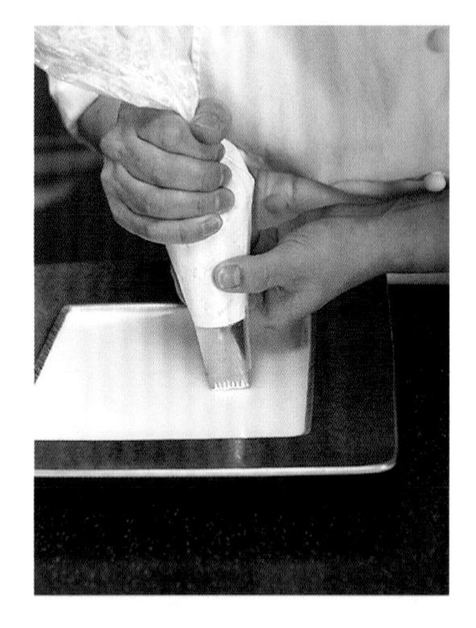

1 擠花袋裝上2.5cm的扁齒花嘴，裝入起司霜，在裝盤用器皿上擠出少許作滑用。

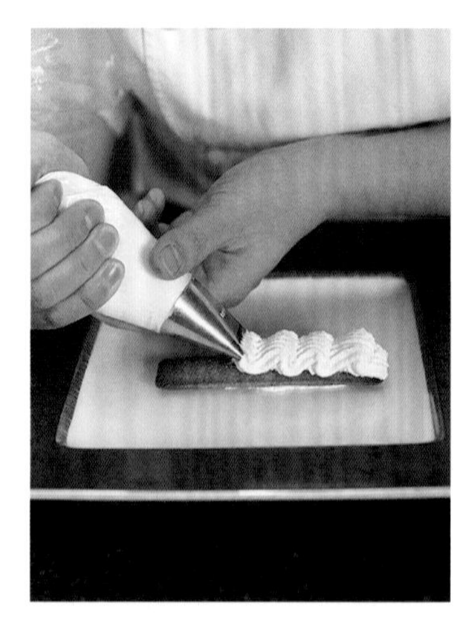

2 步驟**1**放上費南雪，在費南雪上方像拍打出波浪般前後移動，擠出起司霜。

3 器皿的一處放上柑橘果醬。

4 步驟**2**上方擺放瓦片，再放上八朔柑橘及蜜柑的果肉作裝飾，再擺上兩小球橢圓形的冰沙。

5 最後加上切成小塊的柑橘，再以薄荷葉裝飾。

鳳梨

大黃

玉米

chapitre 5

autre

〔其他＿全年蔬菜〕

有著明顯酸味的鳳梨，一整年都能買得到，是相當常見的水果。
在季節交替之際，不妨利用鳳梨來製作甜點。
大黃和玉米雖然被分類在蔬菜類，
但近年來，日本的糕點店也常將二者運用於甜品之中。
在特別篇裡我介紹了幾道創意食譜，希望您也能一起動手料理。

其他 1

鳳梨

ananas

在日本最常見的是菲律賓產鳳梨。
果色偏黃、散發出香甜氣味，即為最佳的食用時機。
鳳梨不會追熟，請置於6℃至8℃的環境下低溫保存。
底部是最甜的部位，切去頂部的葉子後，倒立存放，
甜味就會均勻落至整顆鳳梨。由於鳳梨富含蛋白質分解酵素，
使用新鮮鳳梨時，吉利丁便無法凝結。請先加熱過後，再和吉利丁混合。

〔產期〕

1月 2月 3月 4月 5月 6月 7月 8月 9月 10月 11月 12月

Ananas rôti et crème au ricotta

烤鳳梨佐瑞克塔起司醬

鳳梨加熱過後也一樣美味、不容易軟化變形且具有一定份量，最適合火烤調理。
為了突顯鳳梨的口感、法式冰沙和迷迭香的整體風味，
在此以瑞克塔起司、卡士達醬、鮮奶油調合出較為濃郁的起司醬。
而盛裝法式冰沙的薄餅，則可為這道帶來口感上了變化。

Ananas rôti

烤鳳梨

材料 2人份

鳳梨 ananas……約5cm
細砂糖 sucre……50g
奶油 beurre……40g
迷迭香 romarin……2根
萊姆汁 jus de citron……12g
黑蘭姆酒 rhum brun……20g

作法

1
鳳梨去頭去尾，削去外皮後切成1cm厚的圓片共4片。再以直徑7cm的慕絲圈切除邊緣（切除的部位使用於〈P.215〉的迷迭香冰沙）。中央偏硬的芯部可以直徑2cm的慕絲圈切除。

2
將細砂糖放入平底鍋後，以中火加熱融化，再加入奶油。放入步驟**1**及迷迭香，火稍微加大，使鳳梨兩面都均勻加熱；依序倒入萊姆汁、黑蘭姆酒，在鍋內點火使酒精揮發。

3
裝入有深度的耐熱容器後，放入預熱至180℃的烤箱，烘烤約20分鐘。烘烤過程中，進行翻面動作2至3次，烤至牙籤可輕易穿過後即完成。

Crème pâtissière

卡士達醬

材料 便於操作的份量

牛奶 lait……100g
香草莢 gousse de vanille……1/8根
蛋黃 jaunes d'œufs……20g
細砂糖 sucre……20g
低筋麵粉 farine faible……4g
玉米粉 fécule de maïs……4g

作法

1
鍋裡放入牛奶及香草莢，加熱至即將沸騰前。

2
調理盆裡放入蛋黃及細砂糖，攪拌打發至顏色變淡偏白，再加入低筋麵粉及玉米粉後拌勻。

3
在步驟**2**裡加入步驟**1**後混合均勻，過篩後倒回鍋內。以中火加熱，持續不停以矽膠抹刀攪拌至質地變得柔滑細緻。

4
倒入淺盆內，以保鮮膜包覆起來防止乾燥。底部接觸冰水降溫散熱。

Crème ricotta

瑞可塔起司醬

材料　5至6人份

吉利丁片 gélatine en feuille……1g

卡士達醬〈參考P.214〉 crème pâtissière……50g

瑞可塔起司 ricotta……60g

鮮奶油（38%） crème liquide 38% MG……50g

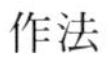

作法

1
吉利丁片以冰水泡軟，擰去多餘水分後放入耐熱容器內，加入少量的卡士達醬。以微波爐加熱，待吉利丁片融化後取出，攪拌均勻。

2
把步驟1和剩下的卡士達醬混合在一起，再加入瑞可塔起司，拌勻。

3
鮮奶油打發至九分（撈起時前端呈針尖狀），分2次加入步驟2裡，混合均勻。放入冰箱冷藏備用。

Granité au romarin

法式迷迭香冰沙

材料　5至6人份

水 eau……150g

細砂糖 sucre……50g

迷迭香 romarin……2g

萊姆汁 jus de citron……15g

黑蘭姆酒 rhum brun……5g

鳳梨 ananas……適量

作法

1
鍋裡放入水、細砂糖、迷迭香，煮至沸騰後熄火。加蓋悶5分鐘。

2
把步驟1過篩進鋼盆裡，盆底接觸冰水散熱冷卻。加入萊姆汁、黑蘭姆酒後混合均勻，放入冷凍庫冰鎮固定。

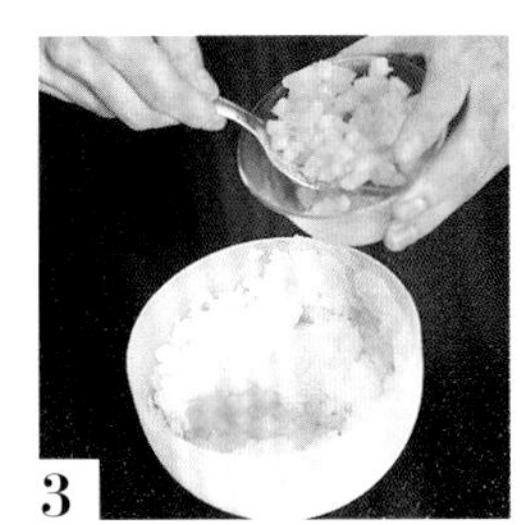

3
完全變硬後，再以叉子搗碎。加入切成5mm小塊的鳳梨，混合均勻。

Pâte à cigarette

法式薄餅

材料 便於操作的份量

奶油 beurre……20g

糖粉 sucre glace……20g

蛋白 blancs d'œufs……20g

低筋麵粉 farine faible……20g

作法

1

奶油於室溫下軟化後，攪拌成乳霜狀，依序加入糖粉、蛋白、低筋麵粉，仔細攪拌均勻，直至粉末完全消失。

2

在鋪好烘焙墊的烤盤裡放入5×23cm的長方形紙模型，倒入步驟1後抹平表面，再移開紙模型。

3

放入預熱至170℃的烤箱，烘烤約15分鐘。趁熱斜切對半，以擀麵棍捲出彎曲弧形後，散熱冷卻。

〖 組合・裝盤 〗

材料 裝飾用

鳳梨 ananas……適量

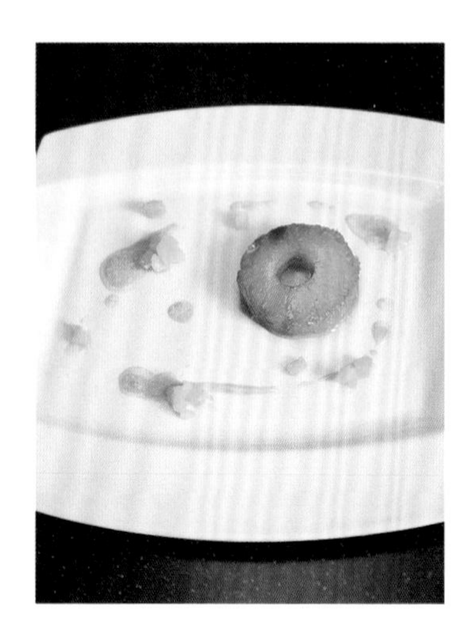

1 在薄餅裡裝入法式冰沙後，放入冷凍庫備用。

2 在裝盤用的器皿裡放上烤鳳梨，周圍淋上耐熱容器裡剩餘的醬汁，再放上數塊切成5mm的鳳梨塊。

3 烤鳳梨上放上一球橢圓形的瑞可塔起司醬，以新鮮迷迭香點綴後，插入站立的法式薄餅。

Crème brûlée au thym, fruits exotiques caramélisés

百里香烤布蕾佐焦糖熱帶水果

我從製作洋菓子轉換跑道進入餐廳裡工作，
這是我第一次設計的甜點，令我印象深刻。
看著其他師傅即興揮灑創作甜品，也啟發了我對創意甜點的熱情。
將全年都能購買到的鳳梨及香蕉淋上溫熱的焦糖醬，
搭配冰涼的烤布蕾和冰沙，
盡情享受冷熱雙拼的創意組合帶來的新鮮食感吧！

Crème brûlée au thym

百里香烤布蕾

材料 6至7人份

A｜鮮奶油（45%） crème liquide 45% MG……300g
牛奶 lait……50g
百里香（新鮮枝） thym……6g

細砂糖 sucre……50g

蛋黃 jaunes d'œufs……72g

作法

1 鍋裡放入A料、細砂糖（從總份量裡挖一湯匙），點火加熱。沸騰後熄火，加蓋悶蒸10分鐘。

2 調理盆裡放入蛋黃、剩餘的細砂糖，以打蛋器攪拌均勻，再加入步驟1後混合均勻。過篩後將留在濾網裡的百里香以矽膠抹刀向下壓，擠出汁液，以增加香氣。

3 選一個有深度的器皿，倒入各60 g至70g，以紙巾類去除表面的氣泡。放入烤盤後。烤盤注入熱水，高度約為烤布蕾高度的1/3至1/2。

4 放入預熱至120℃的烤箱，隔水烘烤約25分鐘。輕輕搖晃，沒有出現細紋皺褶，即表示完成。離開熱水，放涼至不燙手後，放入冰箱冷藏。

Sorbet aux ananas

鳳梨冰沙

材料 5至6人份

A｜水 eau……110g
細砂糖 sucre……65g
麥芽糖 glucose……30g

B｜鳳梨 ananas……250g
鳳梨汁（100%） jus d'anans……200g
青檸檬汁 jus de citron vert……40g

香蕉 banane……100g

作法

1 以A料製作糖漿後備用。調理盆裡放入B料後以手持式食物處理器攪拌均勻，再過篩，去除鳳梨的纖維。

2 在B裡加入香蕉後，再次以食物處理器攪拌，再加入糖漿混合均勻。嚐一下味道，若覺得不夠甜，可再添加糖漿（份量外）調整。最後倒入冰淇淋機裡。

Crumble

奶酥

材料 便於操作的份量

奶油 beurre……30g

糖粉 sucre glance……30g

杏仁粉 poudre d'amande……30g

低筋麵粉 farine faible……30g

作法

1

把室溫下軟化的奶油放入調理盆裡，以矽膠抹刀攪拌成乳霜狀。依序加入糖粉、杏仁粉、低筋麵粉，仔細混合攪拌至粉末完全消失。

2

以刮刀整個一塊完整麵團後，捏成每塊約1cm大小，散落於鋪好烘焙紙的烤盤上。為了避免烘烤時膨脹，先置放15分鐘使麵團乾燥。

2

放入預熱至160℃的烤箱，烘烤約15分鐘。取出後直接在烤盤上散熱冷卻，再以手撥散。

Fruits exotiques caramélisés

焦糖熱帶水果

材料 4至5人份

鳳梨 ananas……約6cm

香蕉 banane……2根

奶油 beurre……18g

百里香（新鮮枝）thym……1g

細砂糖 sucre……40g

黑蘭姆酒 rhum brun……8g

作法

1

鳳梨去頭去尾後削去外皮，切成1cm厚的圓片共5片。再以直徑8cm的慕絲圈切除邊緣（切下來的部分可使用於〈P.218〉的鳳梨冰沙裡）。中央偏硬的芯可以直徑2cm的慕絲圈切除，再切成8等分。

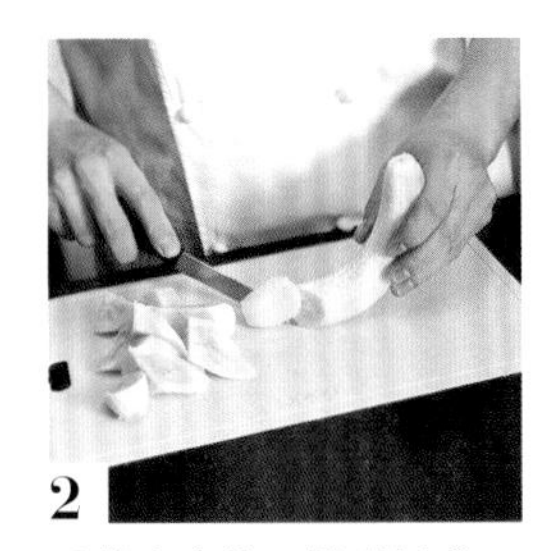

2

香蕉去皮後，隨意切成一口大小。

3

平底鍋加熱融化奶油後，放入鳳梨及百里香，再撒上細砂糖，進行翻炒。炒至表面呈棕黃色後加入香蕉，以翻舀的方式混合均勻。

4

加入黑蘭姆酒後於表面點火，使酒精揮發。

〚 組合・裝盤 〛

材料 裝飾用

百里香 thym……適量

1 在烤布蕾的中央放入焦糖熱帶水果。

2 撒上隨意撥碎的奶酥，再放上百里香作裝飾。

3 在小玻璃杯裡鋪上奶酥，放入一球橢圓形的冰沙。與步驟**2**一起盛盤。

其他 2

大黃

rhubarbe

有著強烈酸味及香氣的大黃，雖然是屬於蔬菜的一種，在歐美國家會加入砂糖增加甜度後作成果醬。近年來，日本也開始生產大黃。有紅色、綠色、紅綠漸層色……不同種類。請挑選富含水分、狀態飽滿的新鮮大黃製作。可以連皮一同調理，但在此的作法為去皮後，再另行調色。

〔產期〕

Tarte rhubarbe

大黃派

水煮大黃用於派的側面，剩餘糖漿則用於凝凍，
冰沙跟脆片也加入了大黃，這真是一道百分百的大黃派呢！
但如果只有大黃，會顯得味道過於單調，
因此在冰沙和奶油醬裡，加入了覆盆子，以增添水果的風味。
大紅色的甜點，就以白色的器皿襯托吧！

Sablé aux amandes

杏仁酥餅

材料　15人份

杏仁膏底 pâte d'amande crue……96g
細砂糖 sucre……10g
奶油beurre……96g

A | 低筋麵粉 farine faible……56g
　| 高筋麵粉 farine forte……56g

塗抹模型用的奶油 beurre……適量

作法

1
在甜點專用攪拌鋼盆裡放入杏仁膏底、細砂糖後，以攪拌機攪拌均勻。

2
加入室溫軟化的奶油拌勻，再加入過篩後的**A**料，全部混合均勻。整合成一個完整的團塊後，包覆上保鮮膜，放入冰箱冷藏1個小時。

3
步驟**2**的麵團以2張烘焙紙夾起，再以擀麵棍擀成2至3mm厚。完成後以15個直徑6.5cm的慕絲圈切出圓形麵團。

4
在直徑6.5cm的慕絲圈的內側塗上奶油，排列於鋪好烘焙紙的烤盤上。底部放入步驟**3**的麵團，放入預熱至160℃的烤箱，烘烤約15分鐘。趁熱移除慕絲圈，散熱冷卻。

Rhubarbe pochée

水煮大黃

材料　4至5人份

大黃 rhubarb……200g

A | 水　eau……200g
　| 細砂糖 sucre……50g
　| 香草莢（二次莢） gousse de vanille usée……1/2根

作法

1
大黃從根部切開後撕去外皮（外皮保留不要丟棄）。切成1.5cm寬。

2
鍋裡放入**A**料、大黃的外皮，煮至沸騰後立刻熄火。目的是為了將外皮的顏色煮出來。完成後過篩。

3
鍋裡放入步驟**2**的糖漿、切成1.5cm寬的大黃，加上緊貼食材的蓋子，以小火加溫。待大黃變軟即可倒入鋼盆裡，放涼冷卻*。

4
完全冷卻後瀝出水分（瀝出的糖漿可用來〈P.224〉的凝凍）。

* 大黃容易煮爛，加熱時請特別小心。在此的作法是保留些許彈牙口感的軟度，因此大黃加熱完成，便立即倒到鋼盆裡。

Gelée

凝凍

材料　4至5人份

水煮大黃所瀝出的糖漿〈參考P.223〉 jus de pochage……全量
吉利丁片 gélatine en feuille……上面糖漿重量的2%
櫻桃蒸餾酒 kirsch……上記糖漿重量的3%

作法

1
吉利丁片以冰水泡軟。

2
水煮大黃的糖漿進行加熱，加入擰去多餘水分的吉利丁片後，混合均勻。

3
倒入鋼盆裡，盆底接觸冰水散熱冷卻，再加入櫻桃蒸餾酒。

4
淺盆裡鋪上保鮮膜後，倒入步驟3，調整保鮮膜使凝凍的厚度為3至5mm厚。放入冰箱冷藏固定。

Crème légère

奶黃醬

材料　8人份

A
- 牛奶 lait……250g
- 香草莢 gousse de vanille……1/6根
- 蛋黃 jaunes d'œufs……60g
- 細砂糖 sucre……48g
- 低筋麵粉 farine faible……12g
- 玉米粉 fécule de maïs……10g
- 奶油 beurre……15g

鮮奶油（38%）crème liquide 38% MG……卡士達醬的一半份量

作法

1
以材料**A**製作卡士達醬。鍋裡放入牛奶及香草莢，加熱至沸騰前。

2
調理盆裡放入蛋黃及細砂糖，均勻攪拌至顏色變淡偏白，再加入低筋麵粉及玉米粉拌勻。

3
將步驟**1**倒入步驟**2**，混合均勻後，再過篩回鍋內。以中火加熱，以矽膠抹刀持續不斷攪拌，直至質地變得柔滑細緻。加入奶油，混合拌勻。

4
移至淺盆內，包覆保鮮膜整體，以防止乾燥。盆底接觸冰水冷卻散熱。

5
打發鮮奶油。打發至和步驟**4**的卡士達差不多硬度後，混合二者。

Sorbet à la rhubarbe

大黃冰沙

材料 20人份

大黃 rhubarbe……260

A | 水 eau……200g
細砂糖 sucre……160g
覆盆子 framboise……50g

作法

1
大黃從根部切開後撕去外皮，切成1.5cm寬（外皮可用於製作P.226「大黃脆片」）。

2
鍋裡倒入**A**料後煮至沸騰後，立刻加入大黃，轉小火持續加熱，煮至軟透。

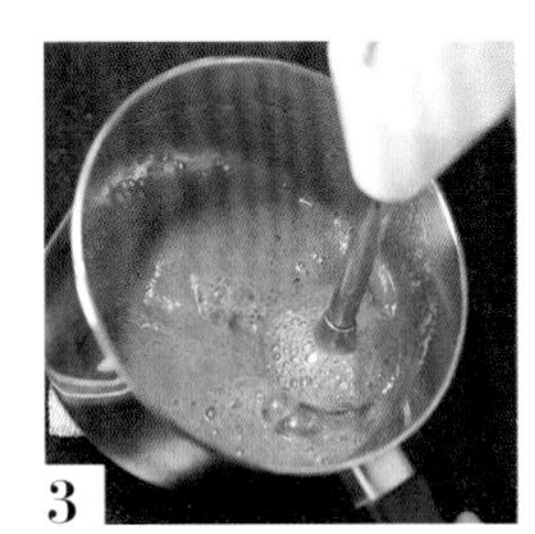

3
趁熱以手持式食物處理器打成泥狀。倒入鋼盆裡，盆底接觸冰水冷卻散熱後，倒入冰淇淋機裡。

〚組合・裝盤〛

材料 裝飾用

覆盆子 framboise……適量
糖粉 sucr glace……適量
大黃脆片* chips rhubarbe……適量
香草莢（二次莢切成細長條狀） gousse de vanille……適量

* 大黃外皮和草莓一起浸泡於糖漿內，再置於烘焙紙上攤開。放入烤箱，以80℃至100℃乾燥烘烤。過程中取出，以圓筒捲成彎曲狀。

1 將淺盆翻面底部朝上，放上直徑8cm的慕絲圈，內側以直立方式將水煮大黃擺滿一圈。中央擺上杏仁酥餅。

2 將奶黃醬填入裝有圓形花嘴的擠花袋，擠入至大黃的一半高度，再壓入4顆覆盆子。

3 再以剩餘的奶黃醬蓋上覆盆子，高度和大黃相同。整平表面，避免奶黃醬沾到周圍的大黃。

4 將步驟3平移至裝盤用的器皿裡，移除慕絲圈。加上一層以直徑8cm的慕絲圈壓出的凝凍。

5 以剩餘的水煮大黃作裝飾，並放上一小堆切碎的水煮大黃，作為冰沙的固定之用。

6 挖取一球橢圓形的冰沙放在大黃碎塊上，加上沾有糖粉的覆盆子、大黃脆片及香草莢。

Rhubarbes pochées et sorbet yaourt parfumé à la citronnelle

水煮大黃佐檸檬草優格冰沙

這是一道由大黃、柑橘、優格等具有酸度的食材，所組合而成的清爽甜點。
底部襯上柔軟的凝凍，配上新鮮草莓，增添口感變化。
水煮大黃可以P.223的作法製作，以下也介紹了真空調理的方式。
由於大黃很容易煮透，一不小心就會煮得過熟而散開，加熱時須特別留意。

Rhubarbes pochée

水煮大黃

材料　5至6人份

A
- 水 eau……100g
- 細砂糖 sucre……50g

大黃 rhubarbs……5根

香草莢（二次莢） gousse de vanille usée……1根

草莓 fraise……10g

作法

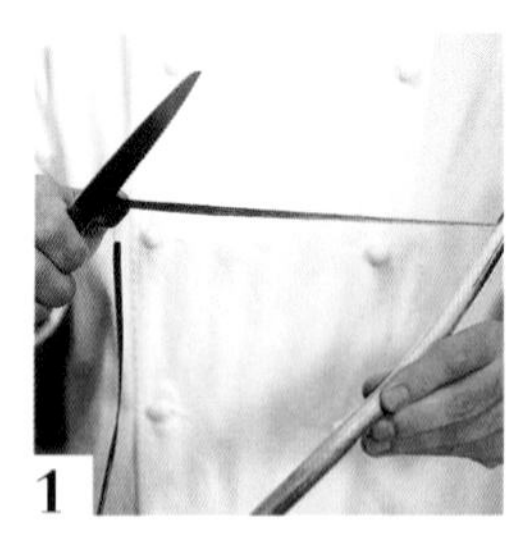

1
煮沸**A**料作成糖漿，散熱冷卻。大黃從底部切開後撕下外皮，切成3cm寬。

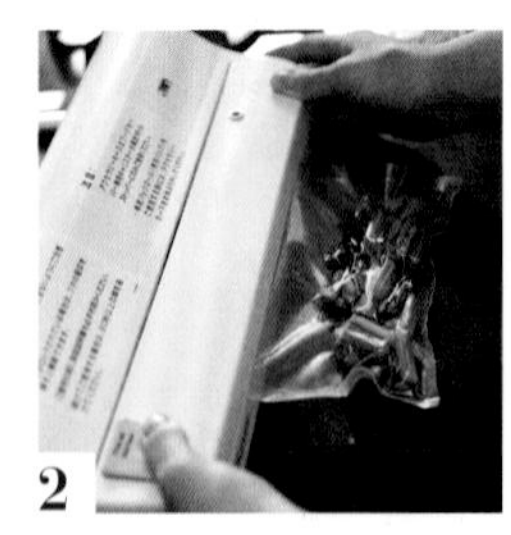

2
在真空調理用的袋子裡，裝入大黃、撕下的外皮、冷卻的糖漿*、其他材料，以真空包裝機抽出袋內空氣。

3
放入蒸氣烤箱，以60℃加熱5至6分鐘，保留些許彈牙口感。先在室溫下放涼後，放入冰箱置靜1天。

* 如果糖漿是溫熱，真空的過程可能會引發爆裂，務必使用完全冷卻的糖漿。

Sorbet au yaourt

優格冰沙

材料　8人份

檸檬草（乾燥） citronnelle seché……10g

A
- 水 eau……175g
- 麥芽糖 glucose……25g
- 細砂糖 sucre……75g

優格 yaourt……125g

鮮奶油（38%） crème liquide 38% MG……25g

萊姆汁 jus de citron……18g

蜂蜜 miel……15g

作法

1
將檸檬草切碎後，和**A**一起放入鍋中加熱。煮沸後立刻熄火，放涼冷卻，再以保鮮膜加蓋後，靜置冰箱冷藏1天。

2
步驟**1**過篩後，和其他的材料混合均勻。倒入冰淇淋機裡。

Gelée à la citronnelle

檸檬草凝凍

材料　10至12人份

檸檬草（乾燥） citronnelle sechée……24g

水eau……500g

細砂糖 sucre……50g

吉利丁片gélatine en feuille……10g

現磨柳橙皮 zeste d'orange râpé……1/4個份

青檸檬汁 jus de citron vert……40g

萊姆汁 jus de citron……35g

蜂蜜 miel……20g

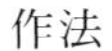

作法

1

裝盤的前一天進行製作。檸檬草切碎，和水、細砂糖一起入鍋內加熱。煮沸後熄火，加蓋悶蒸10分鐘。

2

過篩進鋼盆裡，加入以冰水泡軟的吉利丁片，均勻溶化。再加入其餘材料後拌勻，盆底接觸冰水散熱冷卻。

3

倒入淺盆內，放入冰箱冷藏固定。

Sablé au coco

椰子酥餅

材料　15人份

奶油 beurre……192g

糖粉 sucre glace……120g

杏仁粉 poudre d'amande……120g

椰子粉 coco râpé……80g

A
- 低筋麵粉 farine faible……92g
- 高筋麵粉 farine forte……92g

作法

1

奶油於室溫下軟化後，攪拌成乳霜狀，再加入糖粉後混合均勻。依序加入杏仁粉、椰子粉，同時拌勻。

2

加入過篩後的**A**料，取矽膠抹刀以切拌的方式，攪拌均勻，再整成一個完整的團塊。

3

麵團以2張烘焙紙夾住，並以擀麵棍擀成2至3mm的厚度後，放入冰箱冷藏1小時。再以直徑6.5cm的慕絲圈切下。

4

放入預熱至160℃的烤箱，烘烤15分鐘，出爐後散熱放涼。

〚 組合・裝盤 〛

材料 裝飾用

草莓 fraise……適量

裝飾糖 décor en sucre……適量

金箔 feuille d'or……適量

水煮大黃的糖漿〈參考P.228〉 jus de pochage……適量

1 椰子酥餅的中央，放上一匙水煮大黃（碎塊），再視整體比例堆疊上切成4等分的草莓及水煮大黃。

2 取一個有深度的器皿，放入凝凍碎塊，再放上步驟1。

3 加上一球橢圓形的優格冰沙，插入1片裝飾糖，放上金箔。再以一個小玻璃杯盛裝水煮大黃的糖漿後，一併盛盤。

其他 3

玉米

maïs

玉米為蔬菜的一種。甜味明顯，近年來也常作為烘焙甜點的食材。挑選時，選擇軸心切口新鮮、外皮鮮綠的健康玉米。玉米鬚的顏色會因為熟成而變深，請選擇深棕色的熟度。鬚的數量也等同於裡面玉米顆粒的數量，所以鬚愈多表示玉米愈結實飽滿。採收後甜度會隨著時間降低，請盡早食用完畢。

〔產期〕

1月 2月 3月 4月 5月 6月 7月 8月 9月 10月 11月 12月

Royal et croquant de maïs

玉米慕絲脆餅

玉米慕絲裡若是玉米顆粒過大，口感會讓人聯想成菜餚，
因此以網眼較大的濾網過篩，保留最低程度的顆粒感，
比起普通的慕絲而言更為彈牙。
而玉米脆餅的靈感來源則是「米香餅」。
從玉米延伸至爆米花，再加上堅果組成脆硬口感。
由於整體口味偏向濃郁，搭配清爽的玉米茶冰沙，
以達到完美平衡。

Royal de maïs

玉米慕絲

材料 直徑5.5cm的布丁模型4個份

玉米 maïs……160g

A
- 牛奶 lait……80g
- 鮮奶油（35%） crème liquide 35% MG……10g
- 鹽 sel……1g

全蛋 œufs……55g

蛋黃 jaunes d'œufs……25g

細砂糖 sucre……15g

塗抹模型用的奶油 beurre……適量

作法

1

玉米去皮後，水煮或微波加熱煮至熟透。對半切開後，將玉米立起，以刀子垂直切下玉米粒。

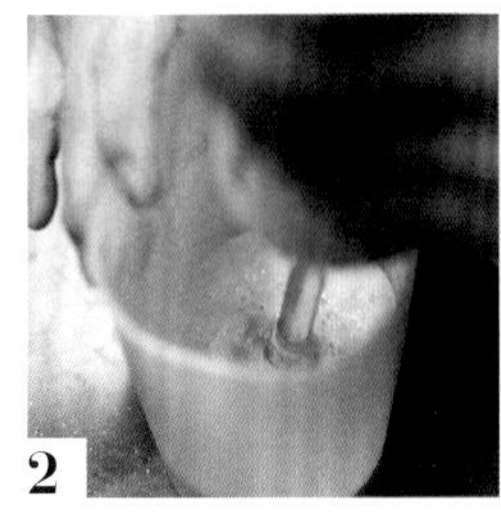

2

碗裡放入步驟**1**、**A**料，以手持式食物處理器攪拌混合。以洞口偏大的濾網過篩，保留玉米的顆粒口感。

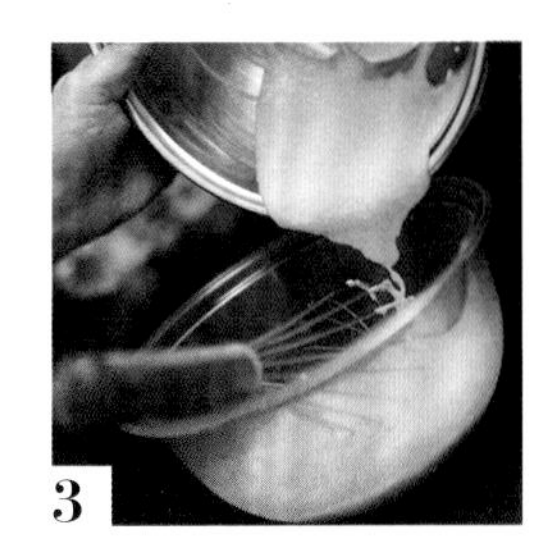

3

另取一調理盆，放入全蛋、蛋黃、細砂糖，混合均勻後，加入步驟**2**，以打蛋器攪拌均勻。

4

模型內塗上奶油，排列於烤盤內，將步驟**3**分次倒入模型內。在烤盤裡注入熱水，高度至慕絲的1/3至1/2高。

5

放入預熱至140℃的烤箱，隔水烘烤約40分鐘。輕輕搖晃，如果慕絲中央沒有出現皺紋即表示完成。從熱水中取出，散熱後放入冰箱冷藏。

Croquant de maïs

玉米脆餅

材料　20cm的正方形×高度1cm的外框模型1個份

核桃 noix cerneaux……18g

花生 cacahouète……15g

爆米花 pop-corn……30g

A
- 細砂糖 sucre……110g
- 水 eau……20g
- 蜂蜜 miel……15g
- 含鹽奶油 beurre demi-sel……12g

作法

1
核桃及花生經烘烤後切碎。鍋裡放入**A**料後加熱，加熱至140℃同時不停攪拌至濃稠狀。

2
加入爆米花、核桃及花生，轉微小火，持續攪拌至糖漿變得清澈不混濁*。

3
鋪好烘焙紙的烤盤裡放上外框模型，倒入步驟2，上方再加上一張烘焙紙。以手下壓，整平表面。

4
冷卻後取下外框模型，切成10×1.5cm的長方形。

*　若溫度降低會凝結變硬，因此以微小火加熱同時攪拌。

Crème chantilly

發泡鮮奶油

材料　10人份

鮮奶油（35%）crème liquide 35% MG……100g

法式酸奶油 crème fraiche……15g

細砂糖 sucre……10g

香草莢 gousse de vanille……1/8根份

作法

1
全部材料置於調理盆內，打至五分發（撈起時鮮奶油呈水滴狀滴落，痕跡會立即消失）。

Sorbet au thé de maïs

玉米茶冰沙

材料 8人份

水 eau……300g

麥芽糖 glucose……50g

細砂糖 sucre……30g

玉米茶 thé de maïs……8g

作法

1
鍋裡放入所有材料後點火加熱，沸騰後熄火，鍋子加蓋悶蒸10分鐘。

2
過篩進鋼盆裡，盆底接觸冰水散熱冷卻。再倒入冰淇淋機裡。

〚 組合・裝盤 〛

材料 裝飾用

玉米（煮熟） maïs cuit……適量

隨喜好使用花生油 huile d'arachide……適量

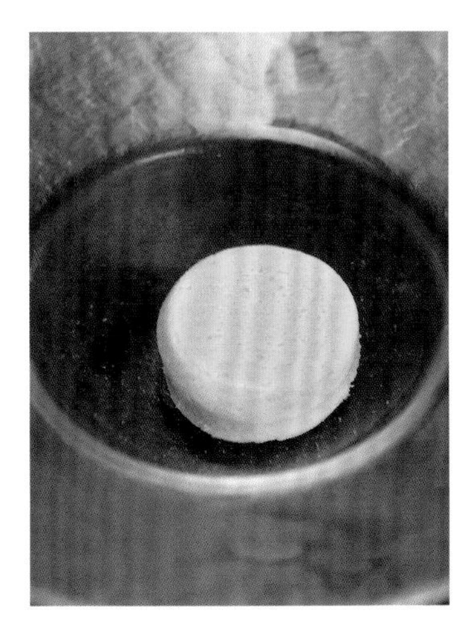

1 在具有深度的裝盤器皿的偏右上方處放上玉米慕絲。

2 淋上發泡鮮奶油，再撒上壓碎的玉米脆餅及煮熟的玉米顆粒。

3 慕絲上方加一球橢圓形的冰沙，玉米脆餅直立斜靠於冰沙。隨喜好滴上些許花生油。

index

食材種類索引

在本書內甜點所使用到的食材組合，
以種類別的方式整理如下。
您也可以隨喜好自由搭配，
作出獨一無二的創意甜點。

水煮類・糖漬類

糖煮水果・果泥

香煎・焦糖化

焦烤・烘烤・糖漬

醃漬

奶昔・冷湯

冰淇淋

冰沙

法式冰沙

慕絲・巴巴露亞

百滙

烤布蕾・布丁

義式奶凍・法式奶凍

奶油醬

凝凍

果醬（confiture）

果醬（marmalade）

甘納許

醬汁

奶泡慕絲

糖漿

其他

烘焙良品 62

四季果物25選×創意甜點60+
職人級法式水果甜點經典食譜

作　　者／田中真理
譯　　者／丁廣貞
發 行 人／詹慶和
總 編 輯／蔡麗玲
執行編輯／李佳穎
編　　輯／蔡毓玲・劉蕙寧・黃璟安・陳姿伶
　　　　　李宛真
封面設計／周盈汝
美術編輯／陳麗娜・韓欣恬
內頁排版／周盈汝
出 版 者／良品文化館
郵政劃撥帳號／18225950
戶　　名／雅書堂文化事業有限公司
地　　址／220新北市板橋區板新路206號3樓
電子信箱／elegant.books@msa.hinet.net
電　　話／(02)8952-4078
傳　　真／(02)8952-4084

2017年4月初版一刷　定價 899元

FRUITS DESSERT NO HASSO TO KUMITATE
© MARI TANAKA 2015
Originally published in japan in 2015 by Seibundo Shinkosha Publishing Co., Ltd.
Chinese translation rights arranged through TOHAN CORPORATION, TOKYO. and Keio Cultural Enterprise Co., Ltd.

總　經　銷／朝日文化事業有限公司
進退貨地址／235新北市中和市橋安街15巷1號7樓
電　　話／02-2249-7714
傳　　真／02-2249-8715

國家圖書館出版品預行編目(CIP)資料

職人級法式水果甜點經典食譜 / 田中真理著；丁廣貞譯. -- 初版. -- 新北市：良品文化館出版：雅書堂文化發行, 2017.04
面；　公分. -- (烘焙良品；62)
ISBN 978-986-5724-94-8(精裝)

1.點心食譜 2.水果

427.16　　106002017

staff

企劃 編輯　早田昌美
攝影　曳野若菜
設計 裝訂　小川直樹
器材提供
（株）ノリタケカンパニーリミテド
http://www.noritake.co.jp/
(P.11,22,61,65,71,79,83,99,104,159,164,182,187,191,196,202,222)
（株）木村硝子
http://www.kimuraglass.co.jp
(P.17,33,43,48,95,113,123,232)
玻璃藝術家　松村明那
http://mat-glass.jimdo.com
(P.57)

参考文獻、参考網站
《旬の食材　四季の果物》講談社
《からだにおいしい　フルーツの便利帳》高橋書店
果物ナビhttp://www.kudamononavi.com/
野菜ナビhttp://www.yasainavi.com/